KB265295

아이디어 스파크
Idea Spark

아이디어 스파크
Idea Spark

초판 찍은날 2011년 3월 24일   **초판 펴낸날** 2011년 3월 30일

지은이 김준효

펴낸이 김현중
출판실장 옥두석 | **책임편집** 이선미 | **디자인** 권수진 | **관리** 이정미

펴낸곳 (주)양문 | **주소** (110-260) 서울시 종로구 가회동 172-1 덕양빌딩 2층
전화 02·742·2563~2565 | **팩스** 02·742·2566 | **이메일** ymbook@empal.com
출판등록 1996년 8월 17일(제1-1975호)

ISBN 987-89-94025-08-7 03400   잘못된 책은 교환해 드립니다.

김준효 지음

아이디어 스파크

YANG MOON

우리나라와 일본의 기초과학 수준은 30년 차이가 난다고 한다. 18대 0이라는 노벨 물리학·화학상 수상자수가 그 현실을 여실히 말해준다. 그러나 우리에겐 과학과 기술을 중시하며, 장영실이나 정약용을 알아본 세종대왕과 정조대왕, 청나라의 선진문물 가치를 알아본 효종대왕이라는 위대한 지도자들이 있었다. 멀리는 세계최초 금속활자의 증거인 직지심경, 천지의 이치를 통한 해시계와 측우기, 컴퓨터와 휴대폰 환경에서 더욱 기막힌 놀라움을 주는 훈민정음, 효율적 공사기계인 거중기, 그리고 가까이는 세계 1위가 될 수 있음을 보여준 자동차와 반도체 모두 우리의 저력을 보여주는 값진 열매들이다. 이처럼 대한민국은 기술대국으로서의 유전자를 가지고 있다. 이러한 위대한 유전자로 백년대계를 세우지 않는 현실이 안타까울 뿐이다.

전구를 발명하기까지 1만 번 이상 실패한 토마스 에디슨이 "나는 실패한 것이 아니라 전구에 불이 들어오지 않는 1만 가지 이유를 알아내었다."고 말한 일화는 삶을 대하는 긍정적인 태도와 참다운 도전의 가치를 일깨움과 동시에 발명가의 애환을 느끼게 해준다. 이 책의 저자는 피눈물 흘리는 고통 끝에 변호사로서의 삶을 마침내 성공하였지만 그 과실을 부당하게 빼앗기거나 정당한 권리행사의 길을 찾지 못하는 외로운 발명가들과 함께해오셨다. 아마도 짐작컨대 저자의 길 또한 고독했으리라.

우리 법인은 우리나라가 현저히 뒤처진 기초과학, 원천기술을 일본으로부터 가져와 창조적 기업가 정신을 가진 우리나라 혁신가에게 연결하는 서비스에 법률조력자로 참여하고 있다. 많은 사람이 일본시장은 안 된다며 왜 굳이 그 어려운 길을 가느냐고 의구심과 우려를 표했다. 그럼에도 묵묵히 우리의 길을 걸어왔더니, 하느님께서 도우셨는지 지난해엔 망하기 직전의 한 일본 바이오업체를 우리나라의 약학자와 인연을 맺게 하는 데에 성공하였다. 일본과 한국의 기업인이 진심으로 마음을 합치고 손을 맞잡는 것을 보고, 감히 우리 법인의 신념과 실천이 국가의 미래를 앞당기는 데 기여한 것이라고 위로하며 계속 이 길을 가야 한다고 매섭게 다짐했다. 무서울 만큼 물질과 정신이 균형 있게 발전하는 중국을 볼 때 한국과 일본은 상생으로 관계를 재설정해야 한다고 확신한다. 이는 더 잘 살기 위한 선택이 아니라 생존을 위한 필수조건이다.

우리 법인의 구성원들은 품격 있는 아름다운 나라에 살고 싶다는 소망을 가지고 있으며, 직업적인 성장과 사회에 대한 사랑과 헌신이 선순환구조를 타고 국가 발전에 기여할 수 있다고 믿는다. 우리는 이러한 소망과 믿음을 우리 법인의 정체성을 실천하는 전문가조직에 두었고, 이 때문에 진정한 인재에 대한 갈증이 크다. 저자는 우리 법인의 소망과 인연이 되어, '일본어 유창하신 변호사님을 모십니다'라고 공고한 〈법률신문〉의 단 한 줄 광고에 운명적으로 이끌려 오셨다. 저자의 한국 법률시장에 대한 고민, 자신의 재능에 대한 진지한 성찰은 일본시장으로 이끌었고, 직무발명 분야를 개척하도록 했다.

대한민국 최고대학 최고학부를 나온 저자는 세속적인 성공의 길을 가지 않고 뜻한 바 10년간 노동운동에 투신했으며, 법률가로서 제2의 인생을 시작한 후로는 소외된 발명가들의 권익을 위해 봉사하며 평생 자신의 길을 추구하는 구도자적 자세로 살아오셨다. "어떻게 그렇게 일본어를 잘 하세요?" 하고 물으면 "한 10년 공부하면 됩니다."라고 담백하게 대답하신다. 저자는 중국어도 유창하다. 하루에 밥은 세 번 먹으면서 책은 한 권도 읽지 않느냐고 질책했던 꼿꼿하고 아름다운 선비, 다산 정약용을 참 많이 닮았다.

실력과 겸손함을 갖춘 그가 정성으로 대하는 의뢰인과 사건들은 참 행복할 것이라 생각한다. 법인의 대표로서 우리 법인의 소망을 이런 따뜻한 지식인과 함께 실현하고 있다는 것은 참으로 큰 행운이 아닐 수 없다. 한결같은 배움의 자세를 잃지 않고 부지런히 정진하는 그가 다듬고 다듬어 만들어낸 이 책이 과학기술시대를 살아가는 우리에게 유익한 동반자가 될 것이라 믿어 의심치 않는다.

2011년 3월
법무법인 새빛 대표변호사 서 향 희

문: "혼자 지구를 들어 올릴 수 있는 방법은?"
답: "물구나무 서기"

위 문답은 썰렁한 유머라고 알려져 있으나, 필자는 여기에 과학적 진리가 내포되어 있다고 생각합니다. 위아래가 없는 지구는 하루에 한 바퀴 자전하고 1년에 한 바퀴 태양 둘레를 공전합니다. 지금 이 순간도 우리는 지구와 함께 맹렬한 속도로 움직이고 있지만 지구가 움직이기 때문에 자전과 공전을 느끼지 못하고 있지요. 위대한 과학적 발견과 발명은 우리가 의심 없이 간과하는 현상에 대한 의문 제기로부터 시작되었습니다. 이 의문이 곧 '스파크(spark, 섬광)'가 되어 불꽃이 타오른 것이죠. 그렇다면 '(지구에 위아래가 없으니) 물구나무를 설 필요도 없이 나의 두 발로 지구를 들어 올리고 있는 것은 아닐까' 라는 의문을 제기해 볼 수도 있지 않을까요?

필자는 그렇게 탄생한 발명·특허 및 직무발명 관련 일을 하면서

많은 과학기술인을 만났습니다. 그들은 많은 사람들이 그냥 스치고
마는 문제들을 놓치지 않고 창의적인 아이디어로서 과제를 해결해
왔습니다. 그럼에도 과학기술인들은 발명·특허에 대한 법률적 지
식이 부족해 종종 낭패를 보기도 합니다. 한편 종업원 과학기술자들
의 직무발명을 어떻게 관리·처분하고, 개량·발전시키느냐의 문
제는 21세기 기술기업들의 주요 주제입니다. 이에 필자는 발명·특
허 및 직무발명에 관한 핸드북으로서 이 책을 준비하게 되었습니다.

　필자가 수행한 여러 사례와 연구 내용을 문답식으로 해설한 이 책
은 직무발명을 주제로 서술하면서 특허법, 민법, 헌법, 제조물책임
법 등 과학기술시대를 사는 21세기 모든 사람이 알아두어야 할 사항
들에 대하여 제 나름대로의 견해를 제시하였습니다. 특히 순서 배치
에 많은 주의를 기울였는데 문 1~3은 직무발명 대표사례, 문 4~27
은 기본개념 정리, 문 28~30은 직무발명보상금 계산, 문 31~36은
직무발명 관련 기타 법령과 소송, 문 37~40은 발명양도대가 계산
의 각 인자, 문 41~47은 한국 사례, 문 48~52는 일본의 법령 및
사례, 문 53~60은 제도, 정책, 법령, 귀결점 등으로 구성했습니다.
　외국의 사례나 관련 법령들(일본어, 중국어, 영어 등)은 원문을 훼손
하지 않는 가운데 우리말에 적합하게 하나하나 세심하게 번역하였
고, 60개 질문 하나하나를 차례에 배치하기에 편집상 문제가 있다
는 출판사의 제안을 받아들여 차례를 키워드 형식으로 정리하였는
데 이 점 양해바랍니다. 그래서 찾아보기를 통해 중요 항목이나 용어
들을 쉽게 찾아볼 수 있도록 하였습니다. 그리고 부록 1의 관련 법령

은 편의상 독자 여러분이 참조할 필요가 있는 부분만 발췌하여 실었으며, 특히 국민제안규정은 국민 누구나 좋은 아이디어를 정부에 제안하는 제도에 관한 것입니다. 부록 2에 나오는 두 편의 글은 〈법률신문〉에 실었던 것을 독자의 편의를 위해 일부 수정하여 게재하였습니다.

이 책의 초석이 된 《직무발명60쯤問》(초판 2008년, 2판 2009년)을 출판했던 인쇄골출판사 남기수 대표 및 직원 여러분께 충심으로 고마움을 표합니다. 그 책을 바탕으로 대폭 수정하고 보완하여 양문출판사에서 《아이디어 스파크 – 과학기술인을 위한 직무발명 핸드북》을 다시 독자 여러분께 내어놓습니다. 이 책이 출간되기까지 수고를 아끼지 않았던 양문출판사 김현중 대표를 비롯한 직원 여러분께 감사드립니다.

이 책의 내용은 필자의 견해일 뿐이며, 이를 토대로 독자 여러분의 견해가 재구축되리라 생각합니다. 부디 이 책이 과학기술자 여러분의 창의력 개발과 법률적 지식 축적에 참고가 된다면 저에게는 더없는 보람이 되겠습니다.

2011년 3월

김 준 효

| 추천사 | 과학기술시대를 살아가는 우리의 동반자 …… 5

| 머리말 | 직무발명은 21세기 기술기업들의 화두 …… 9

1 일본 청색 LED 발명양도대가사건 1심(2000억 원) …… 17

2 한국 최고금액(L전자) 사례 …… 22

3 천지인 문자입력방법 사례 …… 23

4 발명의 의의 …… 25

5 기술의 의의 …… 28

6 발명과 기술의 구별 …… 29

7 발견의 의의 …… 33

8 지적재산권 …… 34

9 권리의 의의 …… 37

10 특허요건 7가지 …… 40

11 특허요건 중 신규성 …… 41

12 특허요건 중 진보성 …… 44

13 발명·특허의 변화과정 …… 46

14 지적재산권의 특징 …… 48

15 직무발명의 정의 …… 50

16 과거의 직무 …… 52

17	직무발명 해당 여부 사례 문제	54
18	종업원발명의 분류	56
19	대학교수의 발명	59
20	발명자주의	60
21	발명자주의의 당위성	63
22	고용의 법리와의 대조	65
23	발명자에게 유리한 사례	66
24	직무발명의 예약승계	68
25	직무발명 통지 후 발명자의 선출원	70
26	귀속의 문제	73
27	발명자권의 내용	75
28	직무발명보상금 계산방법	77
29	D제약 사례(타사실시-라이센스료)	81
30	I화학 사례(자사실시)	83
31	출원유보 관련 규정	85
32	노동법적 접근	86
33	소송의 제기 시점	87
34	소송의 준비	89
35	피고회사의 대응책	90

36	직무발명보상금 청구권의 발생요건	92
37	회사(사용자)가 얻을 이익 산정방법	94
38	포괄적 크로스라이센스 시의 이익 산정	96
39	발명자 공헌도 산정방법	99
40	발명자들 중 원고의 공헌도 산정방법	102
41	특허풀 가입 사례	104
42	기업이 특허권을 포기한 사례	106
43	기업이 특허권을 이전한 사례	108
44	자유발명을 직무발명으로 가정한 사례	110
45	공동발명자 간 분쟁	114
46	이사의 소 제기 사례	116
47	제1심 판결(2010년)이 확정된 사례	118
48	일본의 직무발명 관련 법령	121
49	일본 직무발명보상금 청구 사례	123
50	일본 청색 LED 2심(84억 원)	125
51	일본 히타치제작소 사례	128
52	일본 사례 중 발명의 내용을 세밀히 분석한 경우	133
53	미국, 독일, 중국의 직무발명제도	138
54	직무발명보상제도 실태조사	142

55 공동연구와 직무발명 145

56 발명진흥법의 문제점 148

57 부정경쟁방지 및 영업비밀보호에 관한 법률과 직무발명제도 151

58 산업기술의 유출방지 및 보호에 관한 법률과 직무발명제도 154

59 한국경제의 동력으로서 직무발명의 활용 157

60 직무발명보상제도의 궁극적 이유 159

| 부록1 | 직무발명 관련 대한민국 법령

1. 대한민국헌법 163

2. 발명진흥법 171

3. 특허법 203

4. 근로자참여 및 협력증진에 관한 법률 225

5. 국민제안규정 229

6. 공무원 직무발명의 처분·관리 및 보상 등에 관한 규정 239

| 부록2 | 직무발명 관련 저자의 글

1. 인간 그리고 인간의 이기심 255

2. 대통령 당선자의 경제이념과 직무발명보상제도의 관계 261

후주(後註) 267

참고문헌 273

찾아보기 275

Question

2004년 1월 일본에서 발명자에게 2000억 원을 지급하라는 판결이 있었는데 2000억 원의 성격이 무엇인지 알고 싶습니다.

발명양도대가입니다.

2004년 1월 일본 도쿄지방재판소는 피고 니치아화학공업(원고가 재직했던 회사)이 원고인 일본의 과학기술자 나카무라 슈지(中村修二, 현재 미국 캘리포니아대학교 산타바바라 교수)에게 200억 엔을 지급할 것을 1심 선고했습니다. 원고가 피고에게 지급 청구한 것은 '직무발명보상금'(기업에 재직 중 직무와 관련하여 완성한 발명을 소속 기업에 양도한 데 대한 대가), 즉 발명양도대가였고 이를 법원이 인정한 것입니다.

구분	내용	금액	비고
가	발명(청색 LED)으로 회사가 얻을 매출액의 합계액	1조 2086억 엔	
나	독점으로 인한 매출액	6043억 엔	가×1/2
다	실시료 수입	1208억 엔	나×0.2
라	인용가능 금액	604억 엔 (이자 포함 822억 엔)	다×0.5(원고의 기여율 50% 인정)
마	인용금액	200억 엔	일부청구에 의함

가: 회사가 얻을 매출액이지 얻은 매출액이 아닙니다. 판결의 기준일(변론종결일)로부터 앞으로 예상매출액의 경우, 예상되는 매출액에 일정한 계수를 곱하여 현재가치를 계산합니다.

나: 독점으로 인한 매출액은 '가'에 2분의 1를 곱했는데, 이것은 독점권기여도 등으로 칭합니다.

다: 실시료율=0.2=20%. 실시료율, 즉 로열티율은 대부분의 발명이 2.5~7.0%인데, 이 사건의 경우 노벨상급 발명이라는 점에서 매우 높은 실시료율을 적용했습니다.

라: 원고의 기여율 50%를 인정한 것도 매우 희귀한 사례입니다. 회사에 축적되어 있던 기술을 바탕으로 한 것이 아니라 원고 개인의 창의성이 크게 작용한 점을 고려한 것으로 보입니다.

1심 재판부는 이 사건이 매우 희귀한 사례여서 일본의 다른 직무발명보상금 청구 사건의 모델이 될 수 없음을 강조했습니다. 이 사건이 희귀한 사례인 이유는, 첫째 원고 즉 발명자가 회사의 연구방향을 어기고 오히려 회사가 하지 말 것을 지시한 방향의 연구를 한 점, 둘째 발명자가 개발한 기술의 토대가 될 만한 기술의 축적이 회사에 없었던 점, 셋째 발명으로 인한 수익이 매우 큰 점 등입니다. 일반적인 직무발명의 경우, 발명자는 회사의 지침에 따라 연구하며, 개발한 기술의 토대가 되는 기술이 회사에 축적되어 있고, 발명으로 인한 수익이 매우 크지는 않습니다. (피고 니치아화학공업은 1심 판단 중에 틀린 부분이 많다고 주장했고 2심에서는 상황이 변동한다. 그 부분은 문 50에서 다룬다.)

이 사건이 발명양도대가 청구사건의 모델이 될 수 없음을 1심 재판부가 강조했으나, 일본의 과학기술자들은 당시 무척 고무되었습니다.

일본은 장기불황의 돌파를 위해 1980년대 미국의 친특허(pro patent) 정책(특허 등으로 수익을 올리고, 부가가치가 낮은 비즈니스는 타국에 이관시키는 정책. 부가가치가 낮은 비즈니스는 일본, 한국, 중국, 동남아 등의 순으로 수행)을 벤치마킹하여 2004년 지적재산권전략회의를 창설하고 특허장려정책을 펴기 시작했습니다. 이 판결도 이러한 정책의 일환으로 과학기술자들에게 희망을 주기 위한 것이란 분석이 있었으나, 재판부가 정치적 고려 없이 법에 따라 판단한 것으로 보입니다.

이 사건의 1심 판결은 과학기술자(종업원)가 재직 중 완성한 발명에 대해 거액의 양도대가를 받을 수 있음을 보여주었고, 일본과 직무발명보상제도가 비슷한 우리나라에서도 큰 반향을 불러일으켰습니다. 비슷한 시기의 우리나라 사례로는 천지인 문자입력방법 사건(S전자), 먹는 무좀약 사건(D제약) 등의 직무발명보상금 청구소송이 있습니다.

三. 전제가 되는 사실

(중략)

3. 청색 LED 연구개발에 착수

원고는 1988년,. 당시 아무도 개발에 성공하지 못해 21세기에나 실용화가 가능하리라고 보던 청색 LED(발광 다이오드)를 새로운 연구개발 테마로 삼고자 계획하고, LED의 반도체 결정막을 성장시키는 유기금속기상성장법(MOCVD: Metal Organic Chemical Vapor Deposition)을 공부하기 위해 피고 회사의 허가를 얻어 회사 비용으로 미국 플로리다주립대학에 약 1년간 유학했다(갑96등).

4. MOCVD장치

원고는 1989년 4월에 귀국한 뒤 피고 회사에 납품되던 시판 MOCVD장치(주식회사 일본산소 제조품)를 이용하여 GaN(질화갈륨)의 결정막 성장에 몰두하기 시작했다. 단, 이 장치는 원료가 되는 원소(N, Ga 등)를 공급하는 가스배관과 반응장치 부분의 구조가 복잡한 데다 가스공급조건(유속, 각도 등)과 반응온도를 어떻게 설정하느냐에 따라 무수한 반응조건의 조합이 존재했으며, 제품화에 견딜 수 있는 질(質)의 GaN 결정막을 성장시키는 것은 쉬운 일이 아니었다. 원고도 당초에는 상기 시판장치에 첨부된 매뉴얼을 참조하는 등 결정막 성장을 시도했지만 만족할 만한 질의 GaN 결정막을 얻을 수 없어, 직접 가스배관의 형상을 개조하고 기판을 가열하는 히터를 설계하여 자작(自作)하는 등 시행착오를 거듭했다.

5. 본건 특허발명[2]

원고는 1990년 9월, 상기 시판장치의 반응장치 부분을 개조하여, 기판에 대하여 대체로 평행방향으로부터 반응가스를, 실질적으로 수직방향으로부터 불활성가스를 각각 공급하도록 자작한 MOCVD 장치(이하에서 'Two Flow 방식 1호기'라고 함)를 사용하여 질소화합물반도체 결정막 성장방법에 관한 본건 특허발명을 발명했다.

피고 회사는 같은 해 10월 25일, 본건 특허발명에 대해 원고를 발명자, 피고 회사를 출원인으로 하여 특허출원을 했다. 이 특허출원의 원서에 첨부된 명세서의 특허청구범위 기재는 아래와 같았다(이하에서 이 출원을 '본건 특허출원'이라 하고 본건 특허출원 시 원서에 첨부된 상기 명세서를 '당초 명세서'라고 함. 을102호 [特開平成4−164859회] 참조).

'기판 표면에 반응가스를 분사하여 가열된 기판 표면에 반도체결정막을 성장시키는 방법에 있어서, 기판 표면에 평행 내지 경사지게 반응가스를 분사함과 더불어, 기판을 향하여 압압(押壓)확산가스를 분사하는 것을 특징으로 하는 반도체 결정막 성장방법.'

특0136458호 특허권(디지털 자기기록재생시스템의 복사방지장치)의 발명으로서 미국, 일본, 중국 등에서도 특허를 받았습니다. 발명자 두 사람 가운데 P씨가 2004년 5월 L전자를 피고로 하여 발명의 양도대가를 청구하는 소송을 서울중앙지방법원에 제기했습니다.

2005년 11월, 피고는 원고에게 직무발명보상금으로 3억6000만여 원(회사가 얻을 이익액의 3%)을 지급하라는 1심 판결이 있었습니다. 1심 판결에 대해 원고와 피고 쌍방이 항소했으나, 항소심 계속 중 원고와 피고의 합의로 종결되었습니다. 우리나라에서 판결에 의해 발명자 한 사람에게 가장 큰 금액이 인정된 사례입니다.

2001년 11월, 휴대폰 등의 천지인 문자입력방법을 발명한 두 사람의 발명자(C, R)가 S전자를 상대로 발명특허의 반환 내지 직무발명보상금을 청구한 사건이 천지인 사례입니다. 당시 원고인 두 발명자는 각기 별개로 제소했는데 1심에서는 두 사건 모두 직무발명보상금을 청구하지 않고 자유발명임을 전제로 한 부당이득반환(각각 10억원) 등을 청구했습니다. 하지만 먼저 소를 제기한 발명자 C의 1심은 원고패소였습니다. 1심에서 패소한 발명자 C는 2심에서 직무발명보상금을 예비적으로 청구했고, 2심 막바지인 2003년 12월 원고 당사자들과 피고 당사자가 법정 외에서 합의하여 사건이 종결되었습니다(2004년 4월 10억 이상의 보상금이 주어졌다는 언론보도가 있었다).

2심에서의 최대 쟁점은 "휴대폰 하나에는 발명이 500~1000개 정도 실시되므로 천지인 방법이 차지하는 비중은 매우 작다."라는 피고 회사 주장의 타당성 여부였습니다. 이에 대해 피고 회사는 수백분의 1이라 주장했습니다.

이에 대응하여 원고는, "발명이 500~1000개 실시된다는 것은 선뜻 수긍하기 어려우며, 만약 그렇다 하더라도 실시되는 발명들의 중요도에 따라 등급이 나누어질 텐데 단순히 산술평균하여 천지인 방법의 비중이 1/500~1/1000일 수는 없다."고 주장했습니다.

이처럼 다수의 발명이 사용되는 경우, 당해 발명의 비중이 보상금 산정 시 큰 쟁점 중 하나입니다.

천지인 발명은 많은 사람들이 사용하는 휴대폰 등의 문자입력방법에 관한 것이어서 사건이 광범위하게 알려졌고, 이로써 많은 근로자 발명자들이 직무발명보상금 청구소송을 제기하는 계기가 되었습니다. 그리고 당시 천지인 방법에 대응하는 나랏글 방법과 비교하여 어느 것이 더 좋은지에 대한 논의도 활발하게 벌어지는 등 화제가 된 사례입니다.

앱 제공시의 수익 배분

최근 앱(Application, '응용프로그램'을 의미한다)을 개발하거나 소설 등의 저작물을 창작하여 일정한 기업에 제공(기업은 제공받은 앱을 스마트폰 등에서 사용자들이 이용할 수 있게 함)한 자는, 당해 저작물(앱도 저작물의 일종)을 제공한 데 대한 대가를 수십 퍼센트 정도까지도 수령하는 시스템이 있다고 한다. 이러한 대가는 로열티의 일종으로서 직무발명보상금과는 다르다.

특허법 제2조 제1호는 발명을 "자연법칙을 이용한 기술적 사상의 창작으로서 고도한 것"[3]이라 정의합니다. 이 규정은 발명이 '자연법칙의 이용성, 창작성, 창작의 고도성 등을 가진 기술적 사상' 임을 뜻하며, 이러한 세 요건을 발명의 성립요건이라고 합니다.

대부분의 국가는 발명의 정의를 규정하고 있지 않은데, 우리나라와 일본은 정의규정을 두고 있어 예외적인 경우라고 할 수 있습니다. 다만, 미국은 특허법 제101조 '특허 받을 수 있는 발명(Inventions patentable)' 에서 "새롭고 유용한 프로세스, 기계, 제조물 또는 합성물, 혹은 이들의 새롭고 유용한 개량을 발명 또는 발견한 자는, 본법에 정한 조건 및 요건에 따라 특허를 취득할 수 있다(Whoever invents or discovers any new and useful process, machine, manufacture, or composition of matter, or any new and useful improvement thereof, may obtain a patent therefor, subject to the conditions and requirements of this title)."고 하여, 특허 받을 수 있는 대상 발명이

어떠한 것인가에 대하여는 규정하고 있습니다. 즉 미국에서는 인간에 의해 만들어진 모든 발명이 일정한 요건들을 갖추면 특허 받을 수 있습니다.[4]

한편, 발명이 다음과 같은 두 가지 특징을 가지는 시스템이라는 견해가 있습니다.[5] 첫째, 일정한 특정 조건이 충족되면 반드시 특정의 작용효과가 도출되고, 그 특정의 조건이 충족되지 않으면 그 특정의 작용효과는 도출되지 않을 것입니다. 즉 조건과 작용효과 사이에 자연과학적 인과관계라는 특정의 관계가 성립할 것입니다. 둘째, 위 조건과 작용효과 간의 인과관계를 성립시키는 것은, '기술적 구성'이라는 특정의 메커니즘일 것입니다.

특허법 제2조 제3호는 발명을 물건의 발명, 방법의 발명, 물건을 생산하는 방법의 발명 등 세 가지로 분류하고 있습니다. 이는 발명을 크게 나눈다면 물건발명과 방법발명으로 나눌 수 있음을 뜻합니다.

발명과 특허의 구별

발명과 특허는 다른 것인데 가끔 혼동한다. 특허는 특허권(권리의 일종)을 줄여서 칭하는 용어이고, 발명은 '기술적 사상' 자체이므로 서로 다르다. 특허법 제2조 제1호에 의해 '특허발명'이 '특허를 받은 발명' 임을 알 수 있는데, 이로부터도 발명과 특허가 다른 것임을 알 수 있다.

발명에 대해 특허권을 부여받기 위한 노력(특허출원 등)을 할 수도 있고, 특허출원하지 않고 노하우로서 사용하기도 한다. 특허출원을 하려면 발명을 표현하는 것이 필요하다. 발명의 표현물이 특허 명세서의 특허청구범위(청구항)인데, 이 청구항에 특허권이라는 권리가 부여된다. 그러므로 특허 명세서의 작성 시 변리사의 도움을 받아 오류를 줄이는 것이 좋다.

특허권에는 속지주의 원칙이 적용되므로 세계 각국에서 권리 행사를 하기 위해서는 각국의 특허권을 획득해야 한다. 그러나 발명은 매우 큰 국제성을 가져, 발명의 완성과 동시에 전 세계적 권리인 발명자권(전 세계에서 특허를 받을 수 있는 권리)이 발생한다.

5

기술은 무엇인지요?

기술의 본질은 '일정한 목적을 달성하는 수단이 합리적으로 구성된 것'이라고 합니다.[6]

2000년 12월 28일 공표한 일본심사지침에서는 기술(technology)을 "일정한 목적을 달성하기 위한 구체적 수단으로서 실제로 이용 가능하고, 객관성을 가진 것"(東京高判 1999. 5. 26. 판결)이라고 규정했습니다. 또한 미국특허상표청(USPTO)의 심사기준상 기술의 정의는 "인간의 조건을 향상시키기 위하여, 혹은 최소한 일정한 측면에서 인간의 효율을 증진시키기 위하여, 기계 및 방법의 개발에 과학 또는 공학을 응용하는 것"[7]입니다. 옥스퍼드 영영사전에서는 기술이 "새로운 기계를 설계하는 등 산업분야에서 실용 가능한 과학적 지식(scientific knowledge used in practical ways in industry, for example in designing new machines)"으로 정의되어 있습니다.

발명과 기술은 언뜻 혼동하기 쉬우나 구별할 수 있어야 합니다. 발명은 기술적 사상이므로 구체화의 정도에서 기술에 못 미칩니다. 다만 발명을 완성하면 이를 구체화하는 기술개발은 목전에 와 있다고 할 수 있습니다.

발명과 기술은 자연법칙을 이용하는 구체적인 수단인 점에서 일치합니다. 다만 기술은 산업상 실제로 그대로 이용 가능한 구체적인 수단이고, 발명은 그러한 단계까지는 이르지 않은 보다 추상적이고 개념적인 수단, 즉 사상으로서의 수단인 점에서 서로 구별됩니다.[8]

'기술적 사상'은 산업상 이용 가능성과 관련되나, '과학적 사상'은 학자가 그 가능성을 이론적으로 논증하면 족하여,[9] 기술적 사상이 과학적 사상에 비하여 보다 구체적이고 실용적입니다. 구체적이지 않은 것으로부터 구체적인 것의 순서로 나열해보면 과학적 사상, 기술적 사상(발명), 기술 등의 순이 되지요.

발명과 기술의 중요성은 오늘날 날로 증대하고 있습니다. 우리가 일상생활에서 사용하는 모든 물건 등은 과학기술과 관련한 제조물입니다. 이러한 제조물의 결함에 대하여는 그 원인 등을 밝혀내기가 매우 어려워(예를 들면 자동차 급발진 사고의 원인 규명) 국가는 '제조물책임법'이라는 특별법을 제정하여 과학기술시대를 살아가는 일반국민들의 피해를 구제하고자 했습니다.

과학기술기본법 주요 조문

제1장 총칙

제1조 (목적) 이 법은 과학기술발전을 위한 기반을 조성하여 과학기술을 혁신하고 국가경쟁력을 강화함으로써 국민경제의 발전을 도모하며 나아가 국민의 삶의 질을 높이고 인류사회의 발전에 이바지함을 목적으로 한다.

제2조 (기본이념) 이 법은 과학기술혁신이 인간의 존엄을 바탕으로 자연환경 및 사회윤리적 가치와 조화를 이루고 경제·사회 발전의 원동력이 되도록 하며, 과학기술인의 자율성과 창의성이 존중받도록 하고, 자연과학과 인문·사회과학이 서로 균형적으로 연계하여 발전하도록 함을 기본이념으로 한다.

제조물책임법 주요 조문

제1장 총칙

제1조 (목적) 이 법은 제조물의 결함으로 인하여 발생한 손해에 대한 제조업자 등의 손해배상책임을 규정함으로써 피해자의 보호를 도모하고 국민생활의 안전향상과 국민경제의 건전한 발전에 기여함을 목적으로 한다.

제2조 (정의) 이 법에서 사용하는 용어의 정의는 다음과 같다.

1. '제조물' 이라 함은 다른 동산이나 부동산의 일부를 구성하는 경우를 포함한 제조 또는 가공된 동산을 말한다.

2. '결함' 이라 함은 당해 제조물에 다음 각목의 1에 해당하는 제조·설계 또는 표시상의 결함이나 기타 통상적으로 기대할 수 있는 안전성이 결여되어 있는 것을 말한다.

가. '제조상의 결함' 이라 함은 제조업자의 제조물에 대한 제조·가공상의 주의의무의 이행여부에 불구하고 제조물이 원래 의도한 설계와 다르게 제조·가공됨으로써 안전하지 못하게 된 경우를 말한다.

나. '설계상의 결함' 이라 함은 제조업자가 합리적인 대체설계를 채용하였더라면 피해나 위험을 줄이거나 피할 수 있었음에도 대체설계를 채용하지 아니하여 당해 제조물이 안전하지 못하게 된 경우를 말한다.

다. '표시상의 결함' 이라 함은 제조업자가 합리적인 설명·지시·경고 기타의 표시를 하였더라면 당해 제조물에 의하여 발생될 수 있는 피해나 위험을 줄이거나 피할 수 있었음에도 이를 하지 아니한 경우를 말한다.

3. '제조업자' 라 함은 다음 각목의 자를 말한다.

가. 제조물의 제조·가공 또는 수입을 업으로 하는 자

나. 제조물에 성명·상호·상표 기타 식별가능한 기호 등을 사용하여 자신을 가목의 자로 표시한 자 또는 가목의 자로 오인시킬 수 있는 표시를 한 자

제3조 (제조물책임) ① 제조업자는 제조물의 결함으로 인하여 생명·신체 또는 재산에 손해(당해 제조물에 대해서만 발생한 손해를 제외한다)를 입은 자에게 그 손해를 배상하여야 한다.

② 제조물의 제조업자를 알 수 없는 경우 제조물을 영리목적으로 판매·대여 등의 방법에 의하여 공급한 자는 제조물의 제조업자 또는 제조물을 자신에게 공급한 자를 알거나 알 수 있었음에도 불구하고 상당한 기간 내에 그 제조업자 또는 공급한 자를 피해자 또는 그 법정대리인에게 고지하지 아니한 때에는 제1항의 규정에 의한 손해를 배상하여야 한다.

다릅니다.

발견에는 창작성이 결여되어 있으므로 발견은 발명과 다릅니다. 그리고 자유낙하의 법칙, 만유인력의 법칙 등의 자연법칙 자체의 발견에는 자연법칙의 이용성이 결여되어 있습니다. 어느 나라의 특허법도 발견 자체에는 특허권을 부여하지 않습니다. 미국 특허법 제100조(a)에는 "The term 'invention' means invention or discovery."라는 규정이 있지만, 여기서 discovery는 발견을 뜻하는 것이 아니라 invention의 단순한 중복 표현입니다.[10]

한편 수학 분야에서 공식의 발견, '골드바흐의 예상'(2보다 큰 모든 짝수는 두 소수의 합으로 표현 가능하다-1742년 발견, 미해결 문제)의 발견 등으로 표현하는데, 이 경우의 발견은 발명과 완연히 구별됩니다.

발명을 비롯한 정신적 창작물에 부여되어 그 창작물을
보호하는 권리에는 어떤 것들이 있는지요?

정신적 창작물을 보호하는 권리를 통칭하여 '지식재산권' 내지
'지적재산권'이라 칭합니다. 지적재산권은 산업재산권과 저작권의
두 가지로 대별됩니다. 산업재산권에는 특허권, 실용신안권, 디자
인권, 상표권 등이 있으며 모두 특허청 소관입니다.

산업재산권이 보호하는 정신적 창작물의 종류, 권리의 종류, 당해 법률

	정신적 창작물	권리	법률
1	발명	특허권	특허법
2	고안(소발명)	실용신안권	실용신안법
3	디자인	디자인권	디자인보호법
4	상표	상표권	상표법

저작물(정신적 창작물의 일종으로 우리가 일상적으로 작성하는 메일, 기
행문, 일기 등도 모두 저작물이다)은 저작권법이 저작권이라는 권리로
써 보호하고 있습니다(저작권법 제2조에서는 '저작물'을 '인간의 사상
또는 감정을 표현한 창작물'로 정의하고, '저작자'는 '저작물을 창작한 자'

로 정의하고 있다).

기타 여러 형태의 정신적 창작물에 관련된 법으로는 부정경쟁방지 및 영업비밀보호에 관한 법률, 반도체집적회로의 배치설계에 관한 법률, 민법, 헌법 등이 있습니다.

특허권과 특허침해

특허법 제94조 (특허권의 효력) 특허권자는 업으로서 그 특허발명을 실시할 권리를 독점한다. 다만, 그 특허권에 관하여 전용실시권을 설정한 때에는 제100조 제2항의 규정에 의하여 전용실시권자가 그 특허발명을 실시할 권리를 독점하는 범위 안에서는 그러하지 아니하다.

제225조 (침해죄) ① 특허권 또는 전용실시권을 침해한 자는 7년 이하의 징역 또는 1억 원 이하의 벌금에 처한다.

② 제1항의 죄는 고소가 있어야 논한다.

특허권침해에는 전요소주의, 즉 구성요건 완비의 원칙(All Element Rule)이 적용되어 모든 구성요소를 채용하여야 특허권침해이다. 아래 예로써 설명한다. 원고 발명은 여섯 개의 구성요소로서 이루어지는데, 여섯 개 구성요소 모두를 피고 발명에서 채용하고 있어야 특허권침해이며, 특허권침해금지 및 손해배상청구 민사소송에서 특허권자의 승소가 가능하다.

원고 발명(엘리베이터의 컬러패널 제조공법)과 피고 발명의 요약비교

원고 발명의 각 구성요소	피고 발명의 채용 여부
제1단계: 컴퓨터에 의한 인쇄대상 이미지 편집단계	○
제2단계: 전사용지에 실사출력하는 단계	○

제3단계: 피착물 하지처리 단계	○
제4단계: 피착물에 투명수지를 도포하는 단계	○
제5단계: 진공 열전사로 전사용지의 인쇄층을 피착제로 전사하는 단계	△ 원고발명–진공열전사 피고발명–가압열전사
제6단계: 보호용 투명피막 코팅 단계	○
결론	제5단계를 채용하였는지 여부에 관하여 치열한 다툼 있음–원고의 승소 혹은 패소 양자의 가능성 모두 있음.

상표권과 상표권침해

상표법 제50조 (상표권의 효력) 상표권자는 지정상품에 관하여 그 등록상표를 사용할 권리를 독점한다. 다만, 그 상표권에 관하여 전용사용권을 설정한 때에는 제55조 제3항의 규정에 의하여 전용사용권자가 등록상표를 사용할 권리를 독점하는 범위 안에서는 그러하지 아니하다.

상표법 제66조 (침해로 보는 행위) 다음 각호의 1에 해당하는 행위는 상표권 또는 전용사용권을 침해한 것으로 본다.

1. 타인의 등록상표와 동일한 상표를 그 지정상품과 유사한 상품에 사용하거나 타인의 등록상표와 유사한 상표를 그 지정상품과 동일 또는 유사한 상품에 사용하는 행위

상표법 제93조 (침해죄) 상표권 및 전용사용권의 침해행위를 한 자는 7년 이하의 징역 또는 1억 원 이하의 벌금에 처한다.

위 조문에서 보듯이, 상표권침해는 동일 또는 유사한 지정상품에 등록상표와 동일 또는 유사한 상표를 사용한 경우에 이루어진다. 따라서 갑이 '삼성'이라는 상표를 전자제품 등에는 등록하였으나, '국수' 등의 식품에는 등록을 하지 않았다고 가정할 경우, 을이 삼성국수라는 상표를 사용하여도 상표권침해가 아니게 된다.

'권리'의 교과서적 정의는 '일정한 이익을 향수케 하는 법적 힘'인데, 설명이 쉽지 않습니다. 다만, 이 정의 가운데 '법(法)'이란 '사회 구성원 간의 약속'이라고 볼 수 있습니다. 권리는 힘이며, 구체적으로는 법적 힘입니다. 더 구체적으로 말하면 '일정한 이익을 향수케 하는 법적 힘'이지요. 권리는 누구에게나 어느 경우에나 있는 것이 아니며, 일정한 법적 근거에 의해 발생합니다.

그러나 권리 내지 법률과 상식이 동떨어진 것은 아닙니다. 상식에 비추어 그럴 것이라고 생각한 대로 법률 내지 권리로써도 보호되는 경우가 많습니다. 간혹 상식과 법률이 배치되기도 하지만 대체로는 일치합니다. 예로서, 갑의 캐릭터 저작물을 을이 자신의 인터넷쇼핑몰 판매 제품의 홍보를 위하여 갑의 허락 없이 인터넷에 게재하였을 경우, 상식적으로 갑이 을에게 법적 책임을 물을 수 있을 것으로 생각되지요. 이 경우 법률적으로도 갑은 을에 대하여 저작권법 제136조의 저작권침해죄의 형사책임을 물을 수 있고, 저작권법 제125

조의 손해배상을 청구할 수도 있습니다.

헌법과 헌법상의 권리

헌법은 국가의 기초적 질서를 규율한 것으로서, 대한민국헌법은 대한민국의 기초적 질서를 규율한 것이다. 구체적으로는 대한민국헌법 전문 중의 '자유민주적 기본질서' 표현에 의해, '자유민주적 기본질서'가 대한민국의 기초적 질서이다. 이는 자유경쟁과 자본주의 경제를 토대로 한 것이며, 사회주의적 요소를 가미한 것이다.

헌법상의 여러 권리는 특히 기본권이라고 칭하는데, 국민의 대표적인 기본권에는 ① 인간으로서의 존엄과 가치(헌법 제10조), ② 행복추구권(헌법 제10조), ③ 평등권(헌법 제11조 제1항), ④ 직업의 자유(헌법 제15조) 등이 있다.

특허제도와의 관계에서 헌법을 생각해보자. 대한민국헌법은 자유경쟁을 토대로 하므로 독점은 원칙적으로 금지되나, 발명에 대하여만은 특허권이라는 독점권을 부여하여 인간의 창의력에 대한 인센티브를 부여한다. 이는 자본주의의 일반적 원리로 사회주의 경제권에서도 지금은 일반화되었다.

민법과 민법상의 권리

민법은 사인(私人)과 사인 간의 관계를 규율한 가장 일반적인 법률이므로, 일반사법(一般私法)이라고도 한다. 민법상의 권리는 인격권, 신분권, 재산권, 사원권 등 크게 네 가지로 나눈다. 그러나 자본주의 경제질서에서는 역시 재산권이 가장 중요한 권리이다. 민법상의 권리를 다른 각도에서 분류하면 물권과 채권으로 나눌 수 있는데, 특허권은 물권에 준하는 성질을 가지므로 준물권으로 분류된다. 물권이나 채권이 침해당한 경우의 구제방법 내지 민법상의 근거조문은, 민법 750조의 불법행위에 의한 손해배상청구, 민법 390조의 채무불이행에 의한 손해배상청구 등이다. 민법 741조의 부당이득반환청구가 가능한 경우도 있다. 특허권이 침해를 받을 때의 구제는 특허법 128조에서 규율하나, 이는 민법 750조의 불법행위에 의한 손해배상청구권의 특칙(特則)이라 볼 수 있다.

10 발명이 특허권을 부여받으려면 어떤 절차 내지 요건이
필요한가요?

성립요건을 만족하여 발명으로서 성립한다고 해서 바로 특허권이
부여되는 것은 아닙니다. 특허권을 취득하기 위해서는 별도의 요건
과 절차가 필요하며, 최종적으로 특허청의 '특허권부여결정' 과 '등
록료 납부에 의한 특허등록' 에 의하여 특허권이 발생합니다.

특허요건

	특허요건	특허법 해당조문	비고(착안사항)
1	발명의 성립	2조 1호	발명의 정의 규정
2	산업상 이용 가능성	29조 1항	
3	신규성	29조 1항	특허장애사유[11]
4	진보성	29조 2항	특허장애사유[11]
5	선원주의	36조	반대: 선발명주의
6	불특허요건에 해당 없을 것	32조	불특허요건의 예: 공서양속 위반
7	절차적 요건	42조 등	특허출원서의 특허청 제출 등

신규성에 대하여는 특허법에서 다음과 같이 규정하고 있습니다.

특허법 제29조 (특허요건) ① 산업상 이용할 수 있는 발명으로서 다음 각 호의 어느 하나에 해당하는 것을 제외하고는 그 발명에 대하여 특허를 받을 수 있다(개정 2001. 2. 3, 2006. 3. 3. 시행일 2006. 10. 1.).

1. 특허출원 전에 국내 또는 국외에서 공지되었거나 공연히 실시된 발명
2. 특허출원 전에 국내 또는 국외에서 반포된 간행물에 게재되거나 대통령령이 정하는 전기통신회선을 통하여 공중이 이용가능하게 된 발명

신규성(novelty)은 공지공용기술이 아닌 것, 즉 발명의 내용인 기술적 사상이 종래의 기술적 지식, 선행기술에 비추어 알려져 있지

않은 새로운 것입니다. 신규성을 저작권법의 창작성과 비교해 살펴보면 창작성(originality)은 그 저작물이 기존의 다른 저작물을 베끼지 않았다는 것 또는 저작물의 작성이 개인적인 정신활동의 소산이라는 것을 의미합니다. 신규성은 단순히 남의 것을 베끼지 않았다는 것만이 아니라 기존에 존재하지 않던 것을 새로이 창작해냈음을 요구합니다. 따라서 신규성이 절대적인 개념이라면, 창작성은 상대적인 개념입니다.[12]

발명이 신규인가 아닌가의 판단을 하는 시적 기준은 특허출원 시입니다. 따라서 어느 날 오전에 학회에서 발표된 발명을 그날 오후에 다른 사람이 특허출원한 경우에는 신규성이 없습니다. 그리고 신규성 판단의 지역적 기준은 인터넷이 발달한 정보화시대에 맞춰 지금은 국제주의(세계주의)를 채택했습니다. 그러므로 국내에서만 새로운 것이 아니라 전 세계적으로 새로운 것이어야 신규성이 인정됩니다.

이어서 발명의 동일성 개념 및 신규성과 동일성의 관계[13]를 살펴보죠. 발명의 동일성은 둘 이상의 발명에 있어서 그 기술적 사상이 실질적으로 상호 동일한 범위에 속하는 경우를 말합니다. 신규성의 존재 여부는 그 발명과 비교대상이 되는 다른 발명, 즉 선행기술이 서로 동일한가의 여부에 달려 있기 때문에 양 발명의 동일성이 판단되면 신규성은 그에 따라 자연히 결정됩니다. 그러므로 신규성은 특허요건이고 동일성은 신규성의 판단기준이 됩니다.

동일성 판단의 기본 원칙[14]은 다음의 두 가지입니다. 첫째, 대비의 대상이 되는 공지기술은 그 자체로 '단일한' 것이어야 합니다. 이를 단일선행기술의 법칙(one-source rule)이라고도 표현합니다.[15] 두 개 이상의 공지기술로부터 각각 일부의 기술을 찾아낸 뒤 이를 결합하여 신규성을 부인할 수 없는데, 이와 같은 대비는 '진보성 판단'의 몫입니다. 둘째, 기술분야를 불문합니다.[16] 동일성, 즉 신규성 판단에서는 대비되는 선행기술의 기술분야가 다르더라도 대비하여 신규성을 부정할 수 있습니다. 진보성 판단의 경우 대비되는 선행기술들의 기술분야가 당해 발명과 연관될 것을 요구함과 대조적입니다.

Spark

A. 신규성 심사 시 발명의 동일성 판단

과정	판단의 객체	비교대상발명	판단 결과
심사	출원된 특허청구범위 발명	선행기술	신규성 여부

＊ 동일하면 신규성이 없고, 동일하지 않으면 신규성이 있다.

B. 특허권침해소송에서 발명의 동일성 판단

과정	비교의 기준	확인대상발명	판단 결과
특허권침해소송	특허청구범위 발명	피고 발명	침해 여부

＊ 동일하면 특허권침해이고, 동일하지 않으면 침해 아니다.

진보성에 대하여는 특허법 제29조 제2항에 "특허출원 전에 그 발명이 속하는 기술 분야에서 통상의 지식을 가진 자가 제1항 각호의 1에 규정된 발명에 의하여 용이하게 발명할 수 있는 것일 때에는 그 발명에 대하여는 제1항의 규정에 불구하고 특허를 받을 수 없다."라고 규정하고 있습니다.

진보성(nonobviousness)은 특허법 제29조 제2항에 규정된 요건의 일반적인 명칭으로서 비용이성(非容易性)이라고도 합니다. 당해 분야의 통상의 전문가, 즉 당업자가 특허출원 시의 기술수준으로부터 용이하게 생각해내는 것이 불가능한 것임을 의미합니다. 등록거절, 등록무효, 권리범위확인, 특허침해사건 등 발명과 관련한 여러 유형의 분쟁에서 진보성은 매우 중요한 쟁점입니다.

진보성 부정의 대표적 예[17]를 들어봅니다. 선행기술을 변형할 수 있는 제안이나 동기가 선행기술에 내재되어 있는 경우(예를 들면 단순한 설계의 변경이나 단순한 재료와 형태의 변경)에 진보성은 부정됩니다.

주지·관용기술의 부가에 지나지 않는 경우[18]에도 진보성은 없습니다. 두 가지 이상의 요소를 결합하여 발명을 완성한 경우, 실무상 그 발명이 원래 요소들의 효과를 단순히 더한 것에 지나지 않는 때는 이를 단순결합(aggregation)으로, 그리고 단순결합을 뛰어넘는 시너지 효과를 초래하는 때는 결합(combination)으로 구분합니다. 결합에 한해 구성의 곤란성을 인정하여 진보성을 인정하고, 단순결합은 진보성이 부정됩니다.[19]

발명의 특허요건을 판단할 때 신규성과 진보성은 매우 밀접한 관계를 갖고 있습니다.[20] 그러나 이 두 요건은 엄연히 서로 다릅니다. 신규성과 진보성을 가르는 가장 큰 기준은 비교되는 선행기술이 한 개(신규성)인지 그 이상(진보성)인지 여부입니다.

13 발명자가 연구를 시작하여 발명을 완성하고, 특허출원하
여 특허권을 획득하고, 특허권이 소멸하기까지의 과정은
어떠한가요?

아이디어 단계, 발명의 착상, 발명의 구체화(발명의 완성 단계이며, '특허를 받을 수 있는 권리' 발생), 특허출원, 출원공개, 특허권 획득, 특허권 소멸 등의 과정을 거칩니다. 그 과정을 구체적으로 살펴보면 다음의 표와 같습니다.

발명과 특허의 변화 과정

구분	단계	특허법 관련조문	비고
1	아이디어단계		발명의 착상에도 이르지 아니한 단계
2	발명의 착상		
3	발명의 구체화	2조, 33조	발명의 완성: 발명자권(특허를 받을 수 있는 권리) 발생. 특허를 받을 수 있는 권리는 원칙적으로 발명자가 가짐
4	발명자권 양도		직무발명의 경우 대부분 이 단계에서 양도가 이루어짐
5	특허출원	42조(특허출원)	발명의 공개 전이라면 특허출원만으로는 원칙적으로 법적 권리 없음
6	출원공개	64조, 65조	공개 후–가보호권(보상금청구권) 발생
7	특허권 획득	87조 제1항	특허권은 설정등록에 의하여 발생
8	특허권 소멸	88조(특허권의 존속기간)	존속기간만료, 무효 등에 의하여 소멸

발명의 완성 시점이 결정적 전환점이 됩니다. 이 시점에 동일한 1 발명에 대하여 하나의 '(전 세계에서) 특허를 받을 수 있는 권리'가 발생하는데, 이를 토대로 각 국가에서 별개로 특허출원하여 각국별 특허권을 취득하게 됩니다.

기업의 발명 및 특허 전략

한 기업이 발명을 완성하면 이 발명을 노하우로서 사용할지 특허출원을 할지, 특허출원을 한다면 해외출원도 할 것인지 등에 대해 판단해야 하고, 동시에 사업화 구상도 해야 한다. 특허권을 취득하면, 특허권을 타사에 라이센싱할 것인지 혹은 권리 자체를 양도할 것인지 등에 대해 검토해야 하며, 특허권침해혐의자를 색출하는 등 권리를 지키기 위한 노력도 필요하다. 특허권은 존속기간이 만료하면 소멸하므로 당해 특허권의 개량기술 등을 개발할 필요가 있으면 이에 대해서도 관심을 가져야 한다.

　특허권은 그 보호대상이 기술적 사상으로서 무형적·추상적 존재인 까닭에 그 권리범위를 정확히 파악하기가 곤란하고, 국제성을 가지며, 타인이 침해하기가 매우 쉽습니다.

　물권(동산 부동산 등 물건의 직접 지배에 의해 이익을 얻을 수 있는 권리) 중 하나인 소유권은 '객체인 물건을 전면적으로 지배하는 권리' 이고, 부동산소유권은 '부동산을 전면적으로 지배하는 권리' 입니다(동산소유권은 '동산을 전면적으로 지배하는 권리' 이다). 부동산소유권의 공시(公示)방법은 등기인데, 부동산소유권 등기는 주택의 임대차나 매매를 위해 등기부등본을 발급하거나 열람하는 경우에서 많이 볼 수 있습니다. 부동산소유권이 등기라는 공시방법을 채택하고 있듯이 특허권은 등록이라는 공시방법을 사용하고 있어, 서로 비슷한 점이 있습니다.

　그러나 특허권은 무형물을 권리의 목적으로 하므로, 특허권의 부여기준이나 권리범위가 부동산소유권에 비해 애매합니다. 실제로 발명자가 아닌 사람이 발명자로 인정받는 경우도 있고, 무효가 되어야 할 권리를 가진 자가 타인에게 그 침해금지를 청구하는 경우도 있습니다(권리남용). 만약 위와 같은 사례가 많이 발생하면, 진정한 발명자의 창작의욕을 감소시켜 산업발전을 저해하게 됩니다. 따라서 지식재산권 분야에서는 진정한 발명자가 보호받아야 하고, 권리남용은 금지되어야 하는 등 다른 분야에 비해 정의(正義, Justice)라는 가치가 더욱 부각됩니다.

직무발명의 정의는 무엇입니까?

　발명진흥법 제2조 제2호에서는 "직무발명이란 종업원, 법인의 임원 또는 공무원(이하 '종업원 등'이라 한다)이 그 직무에 관하여 발명한 것이 성질상 사용자·법인 또는 국가나 지방자치단체(이하 '사용자 등'이라 한다)의 업무 범위에 속하고 그 발명을 하게 된 행위가 종업원 등의 현재 또는 과거의 직무에 속하는 발명을 말한다."라고 정의하고 있습니다. 이러한 직무발명이 성립하기 위해서는 다음의 세 가지 요건이 충족되어야 합니다.

　첫째는 '종업원 등이 한 발명일 것'입니다. '종업원 등'은 '사용자 등'에 대비되는 개념으로, '종업원 등'에 포함되는 자는 종업원, 법인의 임원, 국가 또는 지방자치단체 소속 공무원 등입니다. 임시직(아르바이트, 파트타임 근로자), 촉탁, 고문, 하청, 인재파견업체로부터 파견된 파견자, 타사에 파견된 사원 등이 '종업원 등'에 포함되는지의 여부는 논쟁이 있었습니다. 그러나 종업원 등은 근로자 개념보다 넓은 개념이므로, 이들이 종업원 등에 포함되는 것으로 봅니다.

둘째는 '발명이 성질상 사용자 등의 업무범위에 속할 것' 입니다. 기업의 경우 정관에 정해진 기업의 목적 등이 업무범위를 해석하는 데 중요한 요소이나, 정관에 정해진 범위보다는 약간 널리 인정되는 경향이 있습니다.

셋째는 '발명을 하게 된 행위가 종업원 등의 현재 또는 과거의 직무에 속할 것' 입니다. 직무발명은 직무의 범위 내에서 완성한 발명입니다. 직무란 종업원이 사용자를 위하여 사용자의 업무 일부를 수행해야 될 책무를 뜻합니다.[21]

직무발명 여부를 판단하는 데에 있어 '발명에 종사하라' 는 명령의 존재 여부 등은 요건이 아니며, 기업 내에서 종업원의 조직상 구분과 지위가 중요합니다. 일본 판례는 대표이사 사장, 이사 겸 기술부장, 상무이사 또는 전무이사, 기술부문담당 최고책임자, 기술담당 이사, 대표이사 사장 겸 기술부문담당 최고책임자 등은 발명을 할 가능성을 갖는 직무상의 지위라고 해석합니다.[22] 그리고 세계적으로 직무발명의 개념은 거의 비슷합니다.

직무발명의 종업원 등과 근로기준법상의 근로자 개념 비교
근로기준법상의 근로자 개념은 근로기준법 제14조에서 "직업의 종류를 불문하고 사업 또는 사업장에 임금을 목적으로 근로를 제공하는 자"로 정의하고 있다. 직무발명의 종업원 개념은 근로기준법상의 근로자 외에 이사, 대표이사 등을 포함하므로, 근로기준법상의 근로자 개념보다 상대적으로 넓다.

과거의 직무와 관련해서 다음과 같이 예를 들어 알아봅시다.

첫째는 동일한 회사에 계속 재직하면서 부서를 이동한 갑의 경우입니다. 갑은 과거에 근무하던 부서의 직무경험에 기초하여 현재 부서에서 발명을 완성한 경우인데, 이 경우의 발명은 직무발명입니다. 왜냐하면 현재에도 종업원으로서 사용자와의 관계에서 종속적인 노무제공자의 지위에 있기 때문입니다.

둘째는 회사를 퇴직한 후에 발명을 완성한 을의 경우입니다. 을의 발명이 과거 재직 시의 직무에 속하면, 직무발명 여부에 관해 논란의 여지가 있습니다. 원칙적으로는, 전 사용자와의 관계에서 종속적 노무제공자의 지위가 종료되었기 때문에 직무발명이 아닙니다.

셋째는 재직 중에 완성한 발명을 은닉하여 퇴직 후 출원한 병의 경우입니다. 발명의 완성 시점 기준으로 보면 병의 발명행위는 현재의 직무에 속하기 때문에 직무발명입니다.

발명의 은닉 사태를 예방하기 위해서는, 종업원의 연구과정을 기록시켜 발명의 과정을 파악하여 두는 것이 중요합니다. 그리고 퇴직 후 출원 결과 발생하는 권리('특허를 받을 수 있는 권리' 내지 특허권 등)를 회사에 반환시키는 규정을 두는 것이 좋습니다.

미국 판례에서는 기업 내에서 이루어진 발명의 퇴직 후 출원에 대하여, '공공의 질서에 반하지 않는 한' 그 발명을 추적하는 것이 가능하다고 합니다. 이러한 판례를 수용하여, 사용자와 종업원의 계약 중 추적조항(trailing clause)을 설정하는 것이 통례입니다. "퇴직 후 일정 기간 내(예로서, 퇴직 후 1년 이내)에 이루어진 발명 중 전 사용자의 업무 범위에 속하는 것은 전 사용자가 승계한다."라는 특약 조항이 추적조항의 예입니다.[23]

17 갑은 A회사에서 연구원(자동차용 엔진장치 설계업무 담당)으로 근무하던 중 노하우가 쌓였습니다. 이후 퇴직한 지 6개월 만에 발명(자동차용 엔진장치 중 종래 기술에서 1단계 업그레이드된 장치의 발명)을 완성했습니다. 이 발명은 직무발명인지요?

보다 구체적으로 상황을 설정해 봅니다. A회사는 갑이 이미 발명을 완성한 상태에서 숨기고 퇴사하였기 때문에 직무발명이라고 주장합니다. 그러나 갑은 A회사 재직 시 종래 기술의 노하우들을 이해하면서 새로운 개발품의 단초를 생각해낸 적은 있으나, 발명의 착상이라고 할 만한 것은 이루어지지 않은 상태에서 퇴사했습니다.

이 경우는 직무발명이 아닙니다. 왜냐하면 갑은 현재 A회사의 종업원이 아니며, 완성된 발명을 은닉한 사실이 없기 때문입니다. 발명의 착상이 있은 후 착상 자체를 숨긴 것이 아니라 착상 이전에 퇴사하였기 때문이죠. 설령 재직 시 발명의 착상이 있었고 퇴직 후 6개월 만에 그 착상을 구체화하여 발명을 완성한 경우에도 직무발명이 아닙니다. 발명의 완성 시점이 기준이기 때문입니다.

다만 발명자가 착상의 구체적인 방향설정까지도 가능한 상황임을 스스로 인식하면서, 일부러 구체화만을 남긴 상태에서 이러한 사실을 숨기고 퇴직한 후 6개월 만에 발명을 완성했다면, 이는 발명의 은

닉으로 볼 여지가 큽니다. 이는 종업원 발명자의 '도덕적 해이(moral hazard)'에 해당합니다. 이러한 경우에서 한걸음 나아가, 발명자가 퇴직 후 종전 근무 회사의 기술을 이용하여 경업자로 활동하거나 부정경쟁행위, 영업비밀침해행위 등을 하는 사례도 있습니다.

종업원이 한 발명의 종류에 대해 설명해주세요.

종업원이 한 발명을 '종업원발명'이라 칭합니다. 종업원발명에는 직무발명, 업무발명, 자유발명 등 세 가지가 있으며, 업무발명과 자유발명을 통틀어 비직무발명이라 칭합니다.

자유발명

자유발명은 좁은 의미로, 종업원이 완성한 발명 중 사용자의 업무 범위에 속하지 않는 발명입니다. 예를 들면 의약품의 제조판매를 목적으로 하는 회사의 종업원이 자동차 엔진장치에 관한 발명을 완성한 경우입니다. 자유발명은 종업원이 근무시간 중에 회사의 설비, 재료를 이용하여 발명을 완성한 경우라 하더라도 직무발명이 아닙니다. 다만, 그 종업원은 노동계약상 채무불이행의 책임을 진다든가, 직장규율 위반을 이유로 징계처분을 받는 등의 책임을 질 가능성이 큽니다.

업무발명

업무발명은 종업원발명 중 발명이 사용자 등의 업무범위에 속하나 '종업원 등이 직무수행상 완성한 것이 아닌 발명'을 말합니다. 사용자 등은 '특허를 받을 수 있는 권리', 특허권, 실시권 등을 취득할 능력을 갖는 회사법인, 개인사업주, 국가 또는 지방자치단체 등의 총칭입니다. 단 법인격이 없는 것은 권리주체가 될 수 없어 사용자 등에 포함되지 않습니다. 업무발명과 좁은 의미의 자유발명을 포함하여 '넓은 의미의 자유발명'이라 칭하기도 합니다.

직무발명 여부의 혼동

직무발명이란 용어가 우리 특허법에 처음 등장한 시점은 1973년입니다. 당시에는 대부분의 종업원이 자신의 발명이 직무발명에 해당하는지의 여부를 판단할 수 없었기 때문에 자신이 완성한 발명들을 직무발명으로서 사용자에게 신고했습니다. 또한 그 신고서면에 양도를 규정하는 문구(상당수 기업의 직무발명신고서는 발명양도증을 겸하는 것으로 되어 있다)가 적혀 있었는데도 별 관심 없이 무심코 서명날인을 했습니다. 종업원은 직무발명과 비직무발명을 구분한다는 인식이 없었고, 사용자측의 발명·특허 담당 실무자 역시 직무발명에 대한 정확한 인식이 부족한 상태였지요. 즉 직무발명과 비직무발명에 대한 혼동이 노사 양측 모두에서 종종 발생했습니다.

직무발명 여부에 따라 '승계' 등이 달라지므로, 종업원은 자신의 발명이 직무발명에 해당하는지를 명확하게 판단해 잘못 처분되지 않도록 해야 합니다. 사용자 역시 종업원발명이 직무발명에 해당하

느지의 여부를 정확히 판단한 후 종업원에게 판단결과에 따른 처리
방침을 통지해주어야 할 것입니다.

발명진흥법 제13조

③ 사용자 등이 제1항에 따른 기간(직무발명의 완성사실을 통지받은 날
로부터 4개월 이내−저자주)에 승계 여부를 알리지 아니한 경우에는 사
용자 등은 그 발명에 대한 권리의 승계를 포기한 것으로 본다. 이 경우
사용자 등은 제10조 제1항에도 불구하고 그 발명을 한 종업원 등의 동의
를 받지 아니하고는 통상실시권을 가질 수 없다.

위의 발명은 직무발명의 성질을 가지나, 사용자 등이 스스로 권리를
포기했기 때문에 자유발명으로 간주된다. 이러한 발명을 '간주된 자유
발명'이라 칭한다.

대학교수의 발명이 직무발명인지 여부와 관련하여 기업에서의 직무발명 판단기준과 다른 해석이 있습니다. 즉 대학교수는 대학을 위해 연구하는 것이 아닙니다. 교수는 인류의 지식축적에 기여하기 위해 연구하지요. 일상적인 연구활동에는 연구과제가 정해지지 않고 연구비도 제공되지 않으므로, 대학교수의 발명은 원칙적으로 자유발명으로 보아야 한다는 견해가 있습니다.[24] 또한 대학교수의 직무는 발명이 아니라 연구와 강의이기 때문에 직무발명이 아니라고 하기도 하죠. 그러나 최근의 실제 경향은 대학교수의 발명도 일반적인 직무발명과 동일하게 보는 경향이 있습니다.

참고로 대학생의 발명은 자유발명입니다. 대학원생의 발명도 원칙적으로는 자유발명이나 구체적 상황에 따라 직무발명으로 인정될 가능성이 있습니다.

특허법에서는 발명자가 '특허를 받을 수 있는 권리(발명자권)'를 가진다는 원칙을 정하고 있습니다. 즉 특허법 33조 1항에 "발명을 한 자 또는 그 승계인은 이 법에서 정하는 바에 의하여 특허를 받을 수 있는 권리를 가진다. 다만, 특허청직원 및 특허심판원직원은 상속 또는 유증의 경우를 제외하고는 재직 중 특허를 받을 수 없다."고 규정하고 있습니다.

직무발명 역시 원칙적으로 종업원 발명자의 것입니다. 이 원칙을 발명자주의라고 합니다(발명자주의의 반대말은 사용자주의로, 직무발명이 원칙적으로 사용자의 것이라는 의미).[25] 발명자주의의 법적 근거는 발명진흥법 10조 1항 "직무발명에 대하여 종업원 등이 특허, 실용신안등록, 디자인등록(이하 '특허' 등이라 한다)을 받았거나 특허 등을 받을 수 있는 권리를 승계한 자가 특허 등을 받으면 사용자 등은 그 특허권, 실용신안권, 디자인권(이하 '특허권 등'이라 한다)에 대하여 통상실시권을 가진다."입니다. 그러나 대부분의 경우 종업원은 직무발명에 대한 권리(특허를 받을 수 있는 권리 또는 특허권)를 회사에 양도합니다. 대부분의 사람들은 양도과정을 거친다는 사실에 착안하지 못하고, 직무발명이 처음부터 회사의 것이라고 잘못 알고 있지요.

이상은 원칙 내지 일반기업의 경우이고, 아래에서는 항목별로 완성된 직무발명이 누구의 것인지 살펴보겠습니다.

공무원의 직무발명(국·공립학교 교직원의 직무발명)

발명진흥법 10조 2항은 "제1항에도 불구하고 공무원의 직무발명에 대한 권리는 국가나 지방자치단체가 승계하며, 국가나 지방자치단체가 승계한 공무원의 직무발명에 대한 특허권 등은 국유나 공유로 한다. 다만, '고등교육법' 제3조에 따른 국·공립학교(이하 '국·공립학교' 라 한다) 교직원의 직무발명에 대한 권리는 '기술의 이전 및 사업화 촉진에 관한 법률' 제11조 제1항 후단에 따른 전담조직(이하 '전담조직' 이라 한다)이 승계하며, 전담조직이 승계한 국·공립학교 교직원의 직무발명에 대한 특허권 등은 그 전담조직의 소유로 한다. (시행일 2007. 6. 29.)"고 규정하고 있습니다.

공무원이 직무발명을 완성한 경우 그 발명에 대한 권리는 강제 승계되어 국유 또는 공유입니다. 그리고 위 발명진흥법 10조 2항 단서에 의해, 고등교육법에 의한 국·공립학교 교직원의 직무발명은 전담조직(예를 들면 A대학교 산학협력단)이 강제 승계하여 소유합니다.

사립대학 교수의 직무발명

사립대학 교수의 발명이 직무발명인 경우, 일반회사의 직무발명과 비슷하게 우선 발명자인 교수에게 발명자권이 발생하고, 이후 그 발명자권을 학교재단(구체적으로는 산학협력단 등)에 양도하게 됩니다.

직무발명의 완성 시 발명자권을 회사에 양도하지 않은 경우

구분	단계	종업원측 효과	회사측 효과
1	발명완성단계	원시적으로 발명자에게 모든 권리가 발생(발명자주의)	
2	출원부터 등록단계	종업원이 특허출원권 등 보유 (종업원에게 특허출원비용 등에 대한 책임이 따름)	회사는 통상실시권만 가짐
3	침해자 발생단계	침해자 발생시 종업원 개인이 법적 조처를 하여야 함	회사는 통상실시권만 가지므로 침해자에 대하여 침해금지소송 등을 제기할 법적 권리가 없음

직무발명의 완성 시 발명자권을 회사에 양도한 경우

구분	단계	종업원측 효과	회사측 효과
1	발명완성단계	원시적으로 발명자에게 모든 권리가 발생(발명자주의)	
2	발명자권 양도단계[26]	종업원이 발명자권 (특허출원권 등 포함) 양도	
3	출원부터 등록단계		특허출원비용 등에 대한 책임이 따름
4	침해자 발생단계	종업원 개인은 발명 양도에 대한 대가 청구권(직무발명보상금 청구권)만 가지므로, 침해자에 대하여 침해금지소송 등을 제기할 법적 권리가 없음	회사는 침해자에 대하여 법적 조처를 취할 수 있음

발명자주의를 취하는 이유는 특허제도의 취지와 목적상 명확합니다. 특허제도는 발명자가 특허출원(발명이 공개됨)에 의해 특허권을 취득하여 권리를 행사하고, 국가는 발명공개의 대가로 상응하는 권리를 부여하는 제도입니다. 따라서 발명자에게 특허권을 부여하지 않는다는 것은 특허제도의 근본을 뒤흔드는 것이라 볼 수 있으며, 이에 발명자주의의 당위성이 있습니다. 이러한 원칙은 직무발명에 대해서도 그대로 적용됩니다. 발명자인 근로자에게 특허권이 부여되지 않는다면 근로자의 발명의욕이 감퇴할 것이고, 이는 기업발전 및 국가산업발전을 저해하게 될 것입니다.

단, 사용자에게는 발명진흥법 10조 1항 "직무발명에 대하여 종업원 등이 특허, 실용신안등록, 디자인등록(이하 '특허 등' 이라 한다)을 받았거나 특허 등을 받을 수 있는 권리를 승계한 자가 특허 등을 받으면 사용자 등은 그 특허권, 실용신안권, 디자인권(이하 '특허권 등' 이라 한다)에 대하여 통상실시권(通常實施權)을 가진다."에 의해 통상실시권이 주어집니다.

　한편, 종업원이 직무발명에 대한 제반 권리를 사용자에게 양도하였을 때, 발명양도대가 청구권(발명진흥법 15조 보상금청구권)을 갖게 됩니다.

저작물의 경우 직무발명과는 다른 법리가 적용

직무발명과는 달리, 종업원 등이 직무상 저작한 저작물의 경우에는 종업원 등이 소속된 당해 법인이 저작자가 된다(법인저작물의 인정). 예를 들어 A출판사 법인에 고용된 종업원이 어린이용 과학만화를 창작하여 A법인 명의로 공표한 경우, 그 만화저작물에 대한 저작자는 A법인이며, 저작권 역시 A법인이 보유한다. 그 법적 근거는 저작권법 9조로 "(업무상 저작물의 저작자) 법인 등의 명의로 공표되는 업무상 저작물의 저작자는 계약 또는 근무규칙 등에 다른 정함이 없는 때에는 그 법인 등이 된다."고 규정하고 있다.

발명자주의를 취하는 이유는 이해됩니다. 그러나 고용관계에서 근로자의 노동 성과물이 모두 사용자의 소유가 되는 데 반해 유독 발명만은 근로자의 것으로 하는 이유가 무엇인지요?

고용계약의 법리에 의하면, 노사 간의 고용계약에 의해 근로자가 노동한 결과 발생하는 노동의 성과물은 모두 사용자의 것입니다. 예를 들면 자동차 제조회사의 근로자 100명이 협업하여 10대의 자동차를 생산한 경우, 그 10대의 자동차는 모두 제조회사의 소유이지 근로자의 소유가 아닙니다. 그러나 발명은 근로자 발명자 개인의 지적 · 정신적 창작능력에 기초한 면이 크기 때문에 발명자의 것으로 합니다.

Spark

집단적 노사관계와 개인적 노사관계

노사관계는 집단적 노사관계와 개인적 노사관계로 구분할 수 있다. 집단적 노사관계는 노동조합의 문제 등 조직의 문제와 직결되는 관계이며, 개인적 노사관계는 임금, 근로시간 등 근로자 개인의 근로조건 등의 문제이다. 직무발명에 있어서 발명자와 회사의 관계는 개인적 노사관계에 속한다고 볼 수 있으나, 전통적인 노동법의 영역에서 다루어지지 않았던 특수한 영역이라 할 수 있다.

발명자주의 원칙에 의거하여 발명자에게 유리한 판결이
내려진 사례를 소개해주세요.

정부과제의 수행과 관련해 미국특허권이 발생했는데, 과제수행책임자(발명자)인 V교수가 불법적으로 미국특허권을 취득했다는 이유로 고소를 당한 후 무죄확정판결을 받은 사례가 있습니다. 이와 같이 발명자에게 유리한 판결이 내려진 것은 발명자주의에 의한 것입니다.

사건의 경위

1995년 1월 주관기관인 S엔지니어링㈜기술연구소와 참여기업(위탁기관)인 국립 B대학교 간에 과제(프로젝트)에 관한 협약을 체결했습니다. 참여기업 국립 B대학교의 과제수행책임자는 V교수였습니다. V교수팀은 프로젝트의 중심이었고, C기술개발지원센터(전담기관) 등에 대하여 기술개발 책임을 지는 관계였습니다. 하지만 개발된 기술이 누구의 것인지, 로열티의 배분은 어떻게 할 것인지 등이 모호했고, 전담기관은 지원을 제대로 못한 측면이 있었습니다.

사건 진행 과정

구분	일시	내용	비고
1	1995. 1.	대체에너지기술개발사업 협약서	C기술개발지원센터(정부관련지원금 2억 원) S엔지니어링(주)기술연구소(민간부담금 4.5억 원)
2	1994. 7.	한국특허 01311XX호 출원	발명자 : V, K, J (등록일: 1997. 11. 27.) (최초권리자: V교수)
3	1994. 8.	미국특허 55938XX호 출원	발명자 : V, K, J (등록일: 1997. 1. 14.) (최초권리자: V교수)
4	2000. 7.	위 미국특허 등 특허 세 건을 V교수가 D사에 유상양도할 것을 약정	

사건의 배경

당시 법률은 국립대학 교수의 직무발명은 국유(발명 당시는 산학협력단 제도가 생기기 전)로 한다고 규정하고 있었습니다. V교수는 자신의 명의로 한국 및 미국특허의 출원/등록을 했고, D사와 특허 세 건을 유상양도하는 약정을 했습니다. 그런데 V교수와 D사 간에 견해가 대립되어 분쟁을 겪게 되었고, 이 와중에 D사가 2005년 V교수를 사기죄로 고소했습니다. D사가 고소한 이유는, 국유가 되어야 할 미국특허를 V교수 개인이 취득하여 이 미국특허를 D사에 유상양도할 것을 약정한 바, 미국특허의 정당권리자가 아닌 V교수가 마치 정당한 미국특허권자인 것처럼 기망하여 특허권을 유상양도했으므로 사기죄가 성립된다는 것이었습니다.

사건의 종결

최종적으로 V교수가 무죄 판결을 받았는데, 특히 문제되었던 미국특허 부분에서 미국의 경우 발명자주의가 보다 강하여[27] V교수에게 무죄판결이 내려졌습니다.

예약승계와 관련해서는 발명진흥법 10조 3항에 "직무발명 외의 종업원 등의 발명에 대하여 미리 사용자 등에게 특허 등을 받을 수 있는 권리나 특허권 등을 승계시키거나 사용자 등을 위하여 전용실시권(專用實施權)을 설정하도록 하는 계약이나 근무규정의 조항은 무효로 한다."고 규정하고 있습니다. 이처럼 자유발명은 예약승계할 수 없으며, 자유발명에 대한 예약승계 규정은 무효입니다. 직무발명은 예약승계가 가능한데, 위 규정에서의 '미리'는 '발명의 완성 전'을 의미합니다.

일반적으로 종업원 연구자들은 입사 시 또는 발명의 완성 전 일정한 시점에 자신이 완성할 직무발명에 대해 그 권리 일체를 기업에 양도할 것을 약정하는 문서에 서명하게 되는데, 이것이 바로 예약승계입니다. 그런데 예약의 의미가 불분명한 점이 있어, 발명을 완성한 후 기업은 종업원에게 다시 양도증서를 작성하게 하는 것이 일반적입니다. 새로 작성한 이 양도증서에 의해 발명과 관련한 권리(인격권 제외)가 기업으로 승계됩니다. 단, '발명의 완성과 동시에 권리는 당연히 사용자가 승계한다는 의미'로 예약승계를 해석하는 학설도 있고 그러한 일본판례가 있습니다.[28]

예약승계 규정 예시

-회사는 종업원으로부터 발명 완성 사실의 통지가 있으면, '직무발명심의위원회'를 개최한다.

-'직무발명심의위원회'에서 당해 발명이 직무발명인지의 여부를 결정한다.

-직무발명임을 인정한 때에는, 당해 발명에 관한 세계 각국별 '특허를 받을 수 있는 권리'를 회사가 승계할지 여부를 결정한다.

-회사의 세계 각국별 '특허를 받을 수 있는 권리' 승계 결정이 있는 때에는, 발명자는 그 권리를 회사에 양도하여야 한다.

통지한 날로부터 4개월을 초과하여 출원하였는지 4개월 이내에 출원하였는지의 두 가지 경우로 나눕니다.

첫번째, 통지한 날로부터 4개월을 초과하여 근로자가 출원한 경우에는 근로자 발명자는 아래 규정에 의해 유효한 권리를 가집니다.

발명진흥법 제13조 (승계 여부의 통지) ① 제12조에 따라 통지를 받은 사용자 등(국가나 지방자치단체는 제외한다)은 대통령령으로 정하는 기간[29]에 그 발명에 대한 권리의 승계 여부를 종업원 등에게 문서로 알려야 한다. 다만, 미리 사용자 등에게 특허 등을 받을 수 있는 권리나 특허권 등을 승계시키거나 사용자 등을 위하여 전용실시권을 설정하도록 하는 계약이나 근무규정이 없는 경우에는 사용자 등이 종업원 등의 의사와 다르게 그 발명에 대한 권리의 승계를 주장할 수 없다.

② 제1항에 따른 기간에 사용자 등이 그 발명에 대한 권리의 승

계 의사를 알린 때에는 그때부터 그 발명에 대한 권리는 사용자 등에게 승계된 것으로 본다.

③ 사용자 등이 제1항에 따른 기간에 승계 여부를 알리지 아니한 경우에는 사용자 등은 그 발명에 대한 권리의 승계를 포기한 것으로 본다. 이 경우 사용자 등은 제10조 제1항에도 불구하고 그 발명을 한 종업원 등의 동의를 받지 아니하고는 통상실시권을 가질 수 없다.

위 발명진흥법 13조 3항의 발명은 자유발명으로 간주되며, 당해 발명에 대한 '특허를 받을 수 있는 권리'가 근로자에게 완전히 복귀됩니다. 이 경우 근로자 발명자의 출원은 정당하며, 근로자 발명자는 유효한 권리를 가집니다. 기업이 너무 오랫동안 발명에 대한 권리승계 여부를 명백하게 하지 않으면 종업원의 발명이 불안정한 지위에 놓이게 됩니다. 위 발명진흥법 13조는 이러한 상황을 방지하기 위한 것입니다.

두번째, 통지한 날로부터 4개월 이내에 근로자가 출원한 경우에는 근로자의 계약 위반입니다. 이와 같이 근로자가 계약 위반을 하여 출원한 결과 발생한 특허권의 효력 여부에 대하여는 학설상 논쟁이 있으며 아직 우리나라 판례는 없습니다. 이러한 경우 기업은 근로자를 피고로 '출원인 명의변경 청구의 소'를 제기하여 승소판결을 얻은 후, 이 판결문을 특허청에 제출하여 출원인 명의변경을 하는 방법이 있습니다(이미 특허권이 근로자에게 부여된 경우에는 '특허권자 명의변경 청구의 소').

위와 같은 분쟁은 발명자권의 '귀속의 문제' 입니다. 이것은 발명 자체가 누구의 것인가를 따지는 문제이므로, 보상금 액수를 다투는 분쟁보다 사건의 규모가 훨씬 큽니다. 최근 귀속의 문제는 더욱 중요하게 부각되고 있습니다.

소기업과 발명자 간 산업재산권의 '귀속의 문제' 분쟁사
례를 소개해주세요.

S소기업(주관기업)이 정부과제를 수행하면서 과제책임자를 L씨로 기
재하였는데, 이후 의장권이 발생하였고 이 의장권이 누구의 것인지에
대한 분쟁이 발생하였습니다. 분쟁의 형태는 원고 L씨와 피고 S소기업
사이에 '의장등록무효기각심결에 대한 취소소송'[30]이었습니다.

협약의 체결

2001년 4월 중소기업기술혁신개발사업(중소기업청장)으로서, 정
부출연금 7000만 원과 S소기업의 현금부담금 약 1600만 원이 소요
되는 협약이 체결되었습니다. S소기업은 과제책임자를 S소기업의 L
씨로 기재하였습니다.

사건의 경위

구분	일시	내용	비고
1	2001. 4.	중소기업기술혁신개발사업 협약서	협약서 8조(1): 지적소유권은 S소기업의 소유로 한다.

2	2002. 2.	S소기업 의장등록 3250XX 호 출원	(등록일: 2003. 5.) 권리자: S소기업, 창작자: L씨
3	2004. 1.	L씨, 의장등록무효심판청구	특허심판원에서 기각심결(2004년 8월 심결문을 원고 L씨가 송달받음)
4	2004. 8.	L씨, 의장등록무효기각심 결에 대한 취소소송을 특허법원에 제기	피고가 원고에게 수천만 원을 지급하고, 각자의 기존 권리를 문제 삼지 않는 것으로 재판상 합의 종결

L씨의 주장

S소기업이 협약을 체결하는 과정에서 과제책임자를 L씨로 기재했다고 해서 L씨가 종업원임을 의미하지는 않는다는 것입니다. L씨는 S소기업의 종업원이 아니라 동업관계였기 때문에 직무발명(직무의장)이 아니라는 것이죠. 또한 L씨가 권리를 S소기업에 양도한 바가 없기 때문에 S소기업은 정당한 의장등록을 받을 수 있는 권리자가 아니며, 그러므로 이 사건 의장출원은 모인(冒認)출원이고, 이 사건 의장권은 무효라는 것입니다(L씨가 S소기업을 상대로 의장권이전등록을 청구할 수도 있지만 이 사건에서는 의장권의 무효를 주장했다).

사건의 종결

피고가 원고에게 수천만 원을 지급하고, 각자의 기존 권리를 문제 삼지 않기로 하여 재판상 합의 종결되었습니다. 이처럼 권리 자체가 누구의 것이냐를 다투므로 '귀속의 문제'는 매우 중요합니다.

발명자가 갖는 제반 권리에 대하여 설명해주세요.

헌법 제22조 제2항은 '발명가의 권리는 법률로써 보호'할 것을 규정하고, 헌법 제23조에서 '모든 국민의 재산권을 보장'하며, 헌법 제119조에서는 '대한민국의 경제 질서는 개인과 기업의 경제상의 자유와 창의를 존중함을 기본으로 한다'고 규정하여 발명자를 보호하고 있습니다. 또한 특허법은 제33조에서 '발명을 한 자 또는 그 승계인은 특허를 받을 수 있는 권리를 가진다'고 하여 발명자와 그 승계인만이 '특허를 받을 수 있는 권리'(발명자권)를 가진다고 규정합니다. 이 밖에 발명자권 자체를 예상한 규정들이 특허법 제34조, 제35조, 제37조, 제38조, 제42조 등에 명시되어 있습니다.

발명의 완성과 동시에 발명자권이 발명자에게 발생합니다. 그리고 적법한 승계인도 발명자권을 취득할 수 있지만, 발명자권의 일부 내용인 인격권 내지 명예권은 발명자에게 일신 전속된 것이어서 양도할 수 없습니다. 발명자권으로부터 '특허출원을 할 수 있는 권리'가 발생하고, 발명자권의 재산권적 성질로부터 발명의 사용권능(자

신의 직접 실시권), 수익권능(실시권 허여), 처분권능(양도, 담보) 등이
발생합니다. 타인의 발명자권을 침해하면 불법행위가 성립하여 손
해배상책임을 지게 됩니다.

발명자권(특허를 받을 수 있는 권리)과 특허권의 비교

구분	항목	발명자권(특허를 받을 수 있는 권리)	특허권
1	공통점	양도 가능한 재산권	양도 가능한 재산권
2	권리의 발생시점	발명의 완성 시	특허권 설정등록 시
3	권리의 변화추이	특허권으로 발전	개량발명으로 인한 새로운 특허로의 발전
4	권리의 소멸 원인	특허권의 발생	존속기간만료, 무효 등
5	가압류, 가처분의 가능 여부	이 권리를 피보전권리로 하여서는 불가하다는 견해가 지배적	가압류, 가처분 가능함

발명자는 대부분의 경우 자신이 소속된 기업에 발명자권을 양도합니다. 양도에 따른 직무발명보상금은 어떻게 계산하나요?

직무발명보상에 관한 법은 발명진흥법 15조[31]에 규정되어 있으며, 그 내용은 아래와 같습니다.

제15조 (직무발명에 대한 보상) ① 종업원 등은 직무발명에 대하여 특허 등을 받을 수 있는 권리나 특허권 등을 계약이나 근무규정에 따라 사용자 등에게 승계하게 하거나 전용실시권을 설정한 경우에는 정당한 보상을 받을 권리를 가진다.

② 제1항에 따른 보상에 대하여 계약이나 근무규정에서 정하고 있는 경우 그에 따른 보상이 다음 각 호의 상황 등을 고려하여 합리적인 것으로 인정되면 정당한 보상으로 본다.

1. 보상형태와 보상액을 결정하기 위한 기준을 정할 때 사용자 등과 종업원 등 사이에 행하여진 협의의 상황

2. 책정된 보상기준의 공표 · 게시 등 종업원 등에 대한 보상기준의 제시 상황

3. 보상형태와 보상액을 결정할 때 종업원 등으로부터의 의견
   청취 상황

③ 제1항에 따른 보상에 대하여 계약이나 근무규정에서 정하고
있지 아니하거나 제2항에 따른 정당한 보상으로 볼 수 없는 경
우 그 보상액을 결정할 때에는 그 발명에 의하여 사용자 등이 얻
을 이익과 그 발명의 완성에 사용자 등과 종업원 등이 공헌한 정
도를 고려하여야 한다.

④ 공무원의 직무발명에 대하여 제10조 제2항에 따라 국가나 지
방자치단체가 그 권리를 승계한 경우에는 정당한 보상을 하여야
한다. 이 경우 보상금의 지급에 필요한 사항은 대통령령[32]이나
조례[33]로 정한다.

직무발명에 대한 보상은 출원보상, 등록보상, 실시보상, 처분보
상 등이 있습니다. 위 발명진흥법 15조 3항의 '그 발명에 의하여 사
용자 등이 얻을 이익'과 '그 발명의 완성에 사용자 등과 종업원 등이
공헌한 정도'를 고려하여 산정되는 것은 실시보상과 처분보상 등(이
두 가지를 합하여 '실적보상'이라 칭하기도 함)입니다.[34]

우리나라 직무발명보상제도는 일본과 비슷하며, 독일의 종업원발
명법에 뿌리를 둔 것으로 보입니다. 보상금 산정방식에 대하여 구체
적으로 살펴보겠습니다. 보상금 산정방식은 거의 공식화되었습니
다. 공식의 근거 조문은 구 특허법 제40조(발명진흥법 제15조 제3항
유사)이며, 타사실시와 자사실시의 두 가지 경우로 나눕니다.

가. 타사실시의 경우(처분보상금)

보상금(C)＝수익(a+b)×발명자들의 기여율×발명자들 중 원고의 기여율

· 수익＝그 발명에 의하여 사용자 등이 얻을 이익(a=로열티수입, b=크로스 라이센싱의 경제적 이익)
· 발명자들의 기여율＝1-그 발명의 완성에 사용자 등이 공헌한 정도

나. 자사실시의 경우(실시보상금)

보상금(C)＝매출액×독점권기여율×가상실시료율×발명자들의 기여율×발명자들 중 원고의 기여율

· 매출액×독점권기여율×가상실시료율＝그 발명에 의하여 사용자 등이 얻을 이익

타사에 라이센싱하지 않고 자사가 실시하는 경우, 자사의 실력(설비, 영업력 등)에 의한 매출액(발명자가 회사에 발명을 양도하지 않아도 회사는 무상의 통상실시권을 가지므로 이에 의한 매출액)과 해당 발명을 양수받음으로써 발생하는 초과매출액으로 나눌 수 있고, 전체 매출액에서 초과매출액이 차지하는 비중을 독점권기여율이라 칭합니다.[35] 즉 회사는 통상실시권을 가지므로 이에 의한 매출액을 공제하기 위한 방법으로 독점권기여율을 곱하는 것이죠.

독점권기여율은 일본의 하급심 판결에서 1을 인정한 경우도 있으나, 한국과 일본의 하급심 판결에서 50% 정도를 인정한 경우가 많습니다. 독점권기여율은 발명의 양도 순간 발생하므로 '0'이 될 수 없으며, 매출액이 발생하면 특허등록 여부와는 관계없이 발명양도 대가는 '0'이 될 수 없습니다. 직무발명보상금 청구권은 강행규정

에 의한 법정청구권이므로 발명의 양도 순간 청구권이 발생합니다.

발명의 양도 이후 특허등록 여부는 이미 발명자의 영향범위를 벗어나 회사의 문제이므로, 특허등록 여부를 직무발명보상금 청구권과 연관짓는 것은 불합리하며, 이러한 연관은 종업원 발명자가 자신의 발명을 회사에 양도하지 않은 경우보다 불리한 조건에 처하게끔 합니다.

D제약 사례는 회사가 외국계기업에 전용실시권을 설정하여 처분
보상금이 발생한 경우로서 타사실시에 해당됩니다.

D제약 사례의 기초적 사실관계를 살펴봅니다. 2000년 1월 7일 D
제약은 총 6개의 발명에 대해 Y사에 전용실시권을 부여하는 라이센
스계약을 체결했습니다. 계약 조건은 초회계약금 400만 달러와 사용
료(licensing fee) 200만 달러를 한꺼번에 지급하는 것으로 했고, 실시
료(royalty)는 반년 단위로 순매출액의 3%(순매출액 2000만 달러 이하
시) 또는 5%(순매출액 2000만 달러 초과 시)로 지급하기로 했습니다. 단
국내에서 제3자에 의해 다른 이트라코나졸 제품(제네릭 제품)이 출시,
유통, 판매되고 그 연간 판매량이 100만 달러에 달할 경우 제네릭 제
품이 세 개 이상이면 실시료 비율을 1%로 조정하기로 했습니다.

D제약은 2000년 9월부터 2003년 12월까지 40개월간 약 23억1000
만 원과 2004년 1월부터 2004년 6월까지 약 1억1000만 원(실시료율
1% 적용)을 로열티로 수령했습니다. 제1심 변론종결일은 2003년 6월

이었고, 제2심 변론종결일은 2004년 9월이었습니다. 6개 발명의 발명자들은 모두 여덟 명으로 1·2·3 발명은 세 명의 발명자이고, 4·5·6 발명은 다섯 명의 발명자입니다(원고는 4·5·6 발명의 발명자 다섯 명 가운데 한 명이며 6 발명의 특허 존속기간 만료일은 2020년 3월).

그리고 D제약 회사의 규정에는 산업재산권의 실시를 타인에게 허여한 때에는 그 실시료의 5~10%를 보상금으로 지급하는 것으로 되어 있습니다.

D제약 사례(1심)의 보상금 산정방식

구분	내용	수치	비고
1	회사의 수익액	200억원	70억 원(초회불입금)+130억 원(기 지급받은 로열티 및 존속기간 만료일까지 수령할 각 로열티 금액을 호프만식으로 환산한 금액의 합계)
2	발명자들(8명)의 기여율	0.05	
3	발명자들 중 원고 기여율	0.3	원고는 라이센스회사 임원과의 계약을 위한 미팅에 참석하는 등 많은 역할을 하였음을 주장, 입증.
4	인용금액	3억 원	우리나라 직무발명소송 1심 판결 중 최고금액(당시)

D제약 사례(2심)의 보상금 산정방식

구분	내용	수치	비고
1	회사의 수익액	58.7억 원	전체수익액은 117.4억 원이나, 라이센싱된 6개 발명 중 원고가 발명자인 것은 4, 5, 6번 발명의 3개이며, 발명 6개 이외에 노하우 일체 등도 포함하여 라이센싱 계약되었으므로, 전체수익액에 2분의 1을 곱한 금액을 원고 발명으로 인한 수익액으로 인정.
2	발명자들(5명)의 기여율	0.1	
3	발명자들 중 원고 기여율	0.3	원고는 라이센스회사 임원과의 계약을 위한 미팅에 참석하는 등 많은 역할을 하였음을 주장, 입증.
4	인용금액	1.76억 원	우리나라 직무발명소송 확정판결 중 최고금액(당시)

＊ 2심에서 전체수익액(117.4억 원)이 1심 200억 원의 약 60%인 이유는 실시료율이 3~5%에서 1%로 감소했기 때문입니다.

2003년 11월 원고 P씨와 N씨 두 사람이 피고 I화학을 상대로 자
신들의 발명양도대가를 청구한 사건입니다(서울중앙지방법원 2004가
합91538호). 발명의 명칭은 '몬모릴로나이트 점토 촉매를 이용한 알
킬머캅탄의 개선된 제조방법'(1994년 11월 21일 출원, 1998년 6월 11
일 등록)으로 특허공보상 발명자는 원고 P씨와 N씨, 제소하지 않은 L
씨 등 세 사람입니다.

피고는 이 사건 발명을 실시하지 않는다는 주장을 하였고, 이에
대하여 원고가 반론함으로써 상당한 공방을 거쳤으나, 결국 피고는
특허권을 소멸시키기까지 하였습니다.

재판부는 다음과 같은 판단 사항들을 고려해 판결하였고, 원피고
쌍방이 불복하지 않아 확정되었습니다.

ㅣ화학 사례(1심)의 보상금 산정방식

구분	내용	수치	비고
1	회사의 매출액	약 580억 원	1997년부터 2004년까지–2005년 1월부터는 이 사건 발명을 실시하지 않음
2	독점적 지위에 의한 이익률	20%	
3	적정 실시료율	3%	
4	발명자들의 기여도	30%	발명자: 특허공보상 발명자 3인 이외에 2인을 포함하여 도합 5인으로 인정
5	발명자들 중 원고 2인의 기여도	1/3	
6	직무발명보상금	34,800,000원	580억 원×20%×3%×30%×1/3

직무발명을 양도받은 사용자가 출원하지 않는 경우를 규율하는 법령이 있는지요?

사용자의 출원 유보 시 보상에 대해서는 발명진흥법 16조에 "사용자 등은 직무발명에 대한 권리를 승계한 후 출원(出願)하지 아니하거나 출원을 포기 또는 취하하는 경우에도 제15조에 따라 정당한 보상을 하여야 한다. 이 경우 그 발명에 대한 보상액을 결정할 때에는 그 발명이 산업재산권으로 보호되었더라면 종업원 등이 받을 수 있었던 경제적 이익을 고려하여야 한다."라고 규정되어 있습니다.

직무발명보상금은 발명의 양도에 대한 대가이므로 특허출원 여부와는 무관하다고 볼 수 있습니다. 사용자가 출원하지 않고 영업비밀[36]로서 보유하더라도 발명진흥법 16조에 의해 발명진흥법 15조의 정당한 보상금을 지급해야 합니다.

직무발명 관련 법령 중 노동법적 접근에 의한 것이 있습니까?

있습니다. 직무발명제도는 특허법과 노동법이 교차하는 영역입니다. 따라서 근로관계 법령에서도 직무발명에 대하여 규율하고 있는데, 대표적인 것이 '근로자참여 및 협력증진에 관한 법률' 입니다. 근로자참여 및 협력증진에 관한 법률에서 노사협의회가 협의하여야 할 사항으로 제20조에는 '직무발명 등과 관련하여 해당 근로자에 대한 보상에 관한 사항' 이 있습니다.

그러나 직무발명 문제를 노동법의 논리로 접근하면 특정 근로자 발명자에 대한 우대(다른 근로자들에 비해 과도하게 대우받는 것처럼 느껴질 정도의 우대)가 오히려 어려워지는 측면이 있습니다.[37] 노동법은 근로자 다수의 근로조건의 일률적 향상에 주안점을 두기 때문이죠.

한편 발명진흥법 15조는 보상액 결정기준 등에 대해 노사간 충분히 협의할 것을 규정하고 있습니다. 앞으로는 종업원 개인뿐만 아니라 노동조합도 직무발명에 대하여 관심을 가져야 할 것입니다.

제소 시점은 발명으로 인한 수익이 발생한 후가 좋습니다. 그리고 그 수익이 앞으로도 안정적으로 발생할 것을 추단한 후가 좋습니다. 다만 회사가 크로스라이센스 계약을 체결한 까닭에 현실적 로열티의 수령은 없는 것으로 보일 때에는 일정한 시점에 제소할 수밖에 없습니다. 대체로 발명양도일로부터 약 4~7년 후 제소하는 경우가 많았습니다. 한편으로는, 수익의 안정적 발생의 추단 후 제소하는 게 아니라 약간 앞당겨 제소하는 경우가 있습니다. 그 이유는, 첫째 회사가 소멸시효로써 다투는 것을 미연에 방지하기 위함이고, 둘째 재판이 심급을 달리하여 진행되면 수년간 지속되기 때문입니다. 그러나 일본에서는 특허권의 존속기간이 만료한 이후에 제소한 사건도 여러 건 있었던 것으로 알고 있습니다.

소송의 제기시점과 관련하여 공동발명자 여러 명의 제소시점이 각기 다른 사례를 한번 살펴봅시다. 갑, 을, 병, 정 네 명의 공동발명에 대해 2004년 3월 원고 갑이 제소한 후 2004년 12월에 원고 을이 제소하여 두 사건을 병합하여 심리가 계속되었습니다. 그러던 중 2005년 10월 병, 정(병, 정을 '참가인들' 이라 칭한다)이 공동으로 독립당사자참가소송을 제기했습니다. 이 경우 피고, 원고들, 참가인들 사이에 3면 소송이 진행됩니다. 원고들과 참가인들 사이에도 하나의 사건이 구성되는데, 당해 발명에 대한 기여도에 대해 원고들과 참가인들이 서로 자신의 역할이 더 크다고 상반된 주장을 하기 때문입니다.

원고가 소송을 통하여 받을 수 있을 것으로 추정되는 인용가능금액을 우선 산정해 본 후 증거를 수집할 필요가 있습니다. 특허명세서, 특허등록원부, 양도증, 발명실시 제품의 매출액 관련 자료, 발명 당시의 경위서, 공동발명자들이 발명의 완성에 있어 각자가 한 역할에 대한 설명서 등이 증거자료가 될 수 있습니다. 이러한 증거가 수집되면 변호사, 변리사 등 지적재산권 전문가와 상담하여 소송에 대한 전략을 수립하는 것이 좋습니다.

직무발명보상금 청구소송을 제기당한 피고 회사는 어떻게 대응하는 것이 좋을까요?

원고와 피고는 각자의 주장을 하고 그 주장을 뒷받침할 입증자료를 제출합니다.

원고 · 피고의 주장과 입증

원고의 주장, 입증	원고	피고	피고의 주장, 입증
구특허법 40조 혹은 발명진흥법15조 (법정청구권)	보상금청구권의 존재	보상금청구권의 부존재	1. 해당 발명의 미실시(변경사용 포함) 주장 2. 원고가 발명자가 아님을 주장 3. 소멸시효의 완성 주장
	발명으로 얻을 이익액이 크다	발명으로 얻을 이익액이 작다	제품에 해당 발명 이외의 많은 발명이 동시에 사용되면 당해 발명으로 인한 수익 산정이 어려울 뿐만 아니라 이익액이 작음을 강조
발명자의 기업 내에서의 지위 등을 소명할 필요 있음	발명자의 공헌도 크다	기업의 공헌도 크다	발명을 완성하는 과정에서 회사가 기여한 내용 등을 강조
원고가 발명의 완성과정에서 수행한 역할을 상세히 서술할 필요 있음	발명자들 중 원고의 기여도 크다(제소하지 않은 발명자들이 있을 수 있음)	발명자들 중 원고의 기여도 작다	제소한 원고(들)의 기여도가 발명자들 전체의 기여도 중에서 차지하는 비중이 작음을 주장

원고는 원고가 입증할 사항들에 대하여 주장, 입증을 하여야 합니다. 한편 피고 회사는 하나하나의 사항 내지 요건 별로 상세하고도 구체적인 반론을 전개하여 청구를 전부 기각시키거나 청구인용이 되더라도 작은 금액이 되게끔 해야 합니다. 회사는 첫째, 소멸시효 완성[38]으로 원고의 청구권은 소멸되었다, 둘째, 원고는 발명자가 아니거나 발명에 대한 공헌도가 작다, 셋째, 해당 발명은 가치가 없는 발명이어서 보상금 지급을 할 수 없다 등의 주장과 관련하여 한국특허공보, 외국의 특허공보, 프로젝트관련 보고서 등의 관련 자료를 세밀히 연구해야 합니다.

2009년 1월의 직무발명보상금 청구권의 발생요건 서술 하급심 판례(서울중앙지법2007가합101887)를 발췌해 인용하니 참고바랍니다.

"……종업원이 직무발명을 하여 그 발명에 대하여 '특허를 받을 수 있는 권리'나 '특허권'을 취득하고, 위 직무발명에 대한 '특허를 받을 수 있는 권리' 내지 '특허권'을 사용자에게 계약·근무규정에 의해 승계하게 한 경우, 특별한 사정이 없는 한 그 승계와 동시에 종업원은 사용자에 대해 그 직무발명에 대한 '정당한 보상'(이하 '직무발명 보상금'이라 한다)을 청구할 권리를 취득한다. 한편 이후 그 직무발명에 대해 특허가 실제로 출원·등록되었는지 여부, 사용자가 그 직무발명 내지 이에 기초한 특허를 실제로 실시하였는지 여부, 또는 그 특허의 등록이 무효가 되었는지 여부 등의 후발적 사정은 직무발명 보상금 청구권의 발생에 장애가 되지 아니하고, 다만 보상금의 액수 산정에 위와 같은 사정이 고려될 수 있다."

위 판례의 해설

항목	직무발명보상금 청구권의 발생요건	보상금 액수 산정의 요인(factor)
발명자권의 사용자 승계	○	×
특허가 실제로 출원·등록되었는지 여부	×	○
사용자가 그 직무발명 내지 이에 기초한 특허를 실제로 실시하였는지 여부	×	○
그 특허의 등록이 무효가 되었는지 여부	×	○

Question 37

발명에 의해 사용자 등이 얻을 이익액의 계산이 매우 어렵다고 알고 있습니다. 계산방법을 설명해주세요.

'사용자 등이 얻을 이익액'은, 우선 '얻은 이익액'이 아님을 유의하여야 합니다. '사용자 등이 얻을 이익액'은 원고의 제소 시점이 언제인가에 큰 영향을 받을 수 있습니다. 사용자 등이 이익을 얻기 시작한 시점으로부터 이미 많은 시일이 경과했다면 주로 얻은 이익액이 '사용자 등이 얻을 이익액'으로 산정됩니다. 하지만 이익을 얻기 시작한 초기 단계라면, 얻은 이익액의 추이가 차후에도 계속될 것으로 보고, 미래의 추정이익액을 현재가치로 환산하여 '사용자 등이 얻을 이익액'을 구하는 것이 일반적이죠.

자사실시 발명에 의해 사용자 등이 얻을 이익액의 산정은, 일정한 제품에 그 발명뿐만 아니라 다수의 발명이 실시되는 경우 어려운 문제가 될 수 있습니다. 이런 경우는 화학과 의약 같은 분야에서는 비교적 덜 발생하고, 전자 분야에서 많이 발생합니다. 다수 발명 실시의 경우 제품의 전체 매출액 중에서 당해 발명이 차지하는 비중을 이용률이라 칭하는데 이를 산출해야 하기 때문이죠.

하나의 예를 들어 계산을 해보겠습니다. S기술(당해 발명) 등을 실시하여 휴대폰을 생산판매한 경우의 휴대폰 대당가격과 실시료율 같은 기본적인 내용이 다음의 표와 같이 설정되어 있습니다.

항목	수치
휴대폰 대당 가격	400,000원
1년 판매대수	2,000,000대
적용발명	10개
독점권기여율	1/2
S기술의 가상실시료율	2.5%

S기술 하나가 차지하는 비중이 산술적 평균값만을 가진다면 10분의 1의 가치이나, 실질적 가치는 단순히 산술평균한 값이 아닙니다. 기술에 따라 평균의 5배, 3배, 4분의 1배 등의 가치를 가질 수 있는 것이죠. 이 예에서는 S기술이 평균의 세 배인 10분의 3의 가치를 가지는 것으로 설정하고 S기술에 의해 사용자 등이 1년간 얻을 이익액(P)을 아래 공식을 사용하여 계산했습니다.

P=매출액×당해 발명의 비중×1/2(독점권기여율)×가상실시료율
P=400,000원×2,000,000대×3/10×1/2×0.025=3,000,000,000원(1년당)

38

크로스라이센스가 '1개 발명 : 1개 발명'이 아니라 '다수 발명 : 다수발명'으로 되었을 경우(포괄적 크로스라이센스)의 이익액 산정에 대하여 설명해주세요.

이에 대해서는 일본 히타치제작소 사건 2심(도쿄고등재판소 2004. 1. 29. 선고)의 판시 내용이 간명하게 설명하고 있으므로 소개합니다 (히타치제작소는 소니와 포괄적 크로스라이센스 계약을 맺은 바 있고, 원고 요네자와 세이지는 1998년 히타치제작소를 상대로 하여 발명양도대가 청구 1심 제기).

포괄적 크로스라이센스 계약이란 당사자 쌍방이 다수의 특허발명 등의 실시를 상호에게 서로 허락하는 계약을 말한다. 이 계약에서 일방 당사자가 보유한 특허발명 등의 실시를 상대방에게 허락함으로써 얻을 이익이란, 상대방이 보유한 복수의 특허발명 등을 무상으로 실시할 수 있는 것, 다시 말해 상대방에게 본래 지불해야 했던 실시료의 지불의무를 면하는 것이라 해석할 수 있다.

하지만 시각을 바꿔서 살펴보면 이 계약은 상호에게 서로 실시를 허락하는 합의 외에 상대방에게 본래 지불해야 할 실시료채무와 상대방으로부터 본래 수취해야 할 실시료채권을 사전의 포괄적 상쇄합의에 의해 상쇄하는 계약이라 해석할 수도 있다.

합리적인 거래가 기대되는 영리기업끼리의 계약인 이상, 특단의 사정이 없는 한 상호에게 실시료 지불을 발생시키지 않는 포괄적 크로스라이센스 계약에서는, 상호에게 지불할 실시료 총액이 균형을 이루도록 계약을 체결했다고 보는 것이 합리적이다. 그러므로 포괄적 크로스라이센스 계약에서는 '그 발명에 의해 사용자가 얻을 이익의 액'을 본래 상대방으로부터 받아야 했던 실시료를 기초로 하여 산정하는 것도 원칙적으로 합리적이다.

포괄적 크로스라이센스 계약에 대해서는 ① 상대방이 당해 발명의 실시에 의해 지불해야 했던 실시료의 액수를 산정하는 것, ② 사용자가 상대방의 복수(100단위 이상의 다수일 수 있다)의 특허를 실시함으로써 본래 지불해야 할 실시료 액수에 상대방에게 실시를 허락한 복수(100단위 이상의 다수일 수 있다)의 특허발명 등에서의 당해 발명의 기여율을 곱하여 산정하는 것, 이 두 가지가 '사용자가 얻을 이익의 액' 을 산정하는 방법으로서 채용될 수 있다.

그리고 다수의 특허발명 등의 실시가 포괄적으로 상호에게 허락되는 계약에서의 '그 발명에 의해 사용자가 얻을 이익의 액' 이 주장입증하기 곤란한 점을 생각하면, 당해 사안에서 실제로 행할 수 있는 주장입증방법을 선택할 수 있어야 한다.

위 판결 상의 사용자에 히타치제작소, 상대방에 소니를 대입시킬 수 있고, 결국 위 ②의 방법은 실제로 행하기에 곤란한 주장입증방

법이므로 위 ①의 방법을 선택할 수 있어야 한다는 것이 위 판시 내
용의 요지입니다.

발명자(들) 공헌도 산정방법에 대해 설명해주세요.

발명자(들) 공헌도는 '1-사용자 공헌도'라 표현할 수 있습니다. 발명자 공헌도와 사용자 공헌도는 동전의 양면과도 같아서 이를 산정하기 위해서는 발명자와 사용자 양쪽의 각 요소를 함께 고려하여야 합니다. 즉 기업의 투자규모, 기업에 축적된 기술의 수준, 발명자들에게 지급된 급여 등의 보수, 발명의 성격, 발명의 가치, 발명자의 창의성 정도 등의 요인을 고려하여야 합니다. 대체로 발명자 공헌도를 한국의 판례들은 3~30%로 인정하며, 일본의 판례들도 비슷합니다.

한편, 공무원직무발명의 처분·관리 및 보상 등에 관한 규정 17조 1항에서는 처분수입금의 50%를 처분보상금으로 발명자에게 지급할 것을 규정하고 있는데 발명자 공헌도를 50%로 인정한 것이라 할 수도 있지요.

발명자 공헌도 관련 독일 보상기준[39]

독일의 보상기준은 공헌도를 아래 세 가지 관점으로부터 점수로 산정하는 방법을 채택하고 있다.

A. 과제의 설정

B. 과제의 해결

C. 기업에서의 종업원의 의무와 지위

A. 과제의 설정

a. 사용자로부터 과제의 해결방법에 관한 직접 지시가 있어 과제를 해결(1점)

b. 상기 지시는 없었으나 해결(2점)

c. 상기 지시는 없었으나, 기업에서의 지위상 결점, 필요성에 관해 지식을 가지고 있었다(3점)

d. c의 경우로서 스스로 발견(4점)

e. 직무의 범위 내에서 과제를 스스로 설정(5점)

f. 직무의 범위 외에서 과제를 스스로 설정(6점)

B. 과제의 해결

a. 발명자가 스스로의 직업적 지식으로 해결책을 도출.

b. 기업 내의 실무와 지식으로 해결책을 도출.

c. 사용자가 기술적 원조를 함.

이들 각항의 모두에 해당하면 점수 1, 어느 것도 해당하지 않으면 점수 6으로 하고, 부분적으로 해당하는 경우는 그 정도에 따라 1–6점의 중간 점수를 부여한다.

C. 기업에서의 종업원의 의무와 지위

발명에 대한 공헌도는 종업원의 지위 및 급여로 보아 기술개발에 참여할 것이라는 기대가 높을수록 비례적으로 감소한다. (중략) (1~8점 부여, 지위가 높을수록 낮은 점수-저자주)

공헌도의 산정

$a+b+c$	3	4	5	6	7	8	9	10	11	13	14	15	16	17	18	19	(20)
A	2	4	7	10	13	15	18	21	25	39	47	55	63	72	81	90	(100)

(20 및 100은 자유발명의 경우로서 괄호 속에 표시)

a: 과제의 설정에 기준한 표점
b: 과제의 해결에 기준한 표점
c: 기업 내에서의 의무와 지위에 기준한 표점
A: 공헌도(발명의 가치에 대한 종업원의 지분으로서 퍼센트로 표시)

발명자들 중 원고의 공헌도 산정방법에 대해 설명해주시
기 바랍니다.

발명자들 중 원고의 공헌도 산정은 우선 공동발명자에 포함될 발명자를 확정한 후 각 발명자 간 공헌도 비중을 산정하는데, 무척 어렵고 미묘한 문제입니다.

발명은 크게 착상단계와 구체화단계로 나누는데, 공동발명자로 인정받기 위해서는 최소한 하나의 단계에 공동의 협력이 있어야 합니다. 단순한 보조자, 관리자, 자금지원자 등은 공동발명자가 아닙니다.

발명자 간 공헌도 산정은 발명과정에서의 각 공동발명자의 역할과 업무를 상세히 파악하여야 가능합니다. 각 공동발명자의 업무내용 등을 파악하기 위해서는 발명자일지와 실험노트 등이 필수적이죠. 우리나라에서는 실험노트 등이 없어 발명자 간 공헌도 산정에 어려움을 겪는 경우가 있는데, 미국 등에서는 발명자 노트 등을 매우 정교하게 기재하는 것으로 알려져 있습니다.

발명자 노트의 중요성은, 2009년의 직무발명보상금 사건(피고: H

사, 발명의 내용: 전기분해식 정수기 관련 발명)에서 원고 조남선(특허공보에는 발명자로 기재되지 않아 발명자로 인정받기에는 큰 장애가 있었다) 씨가 발명자 노트 덕분에 발명자로 인정받았을 뿐만 아니라 거의 단독발명으로 인정받은 사례가 극명히 보여 줍니다. 조남선 씨는 수년에 걸쳐 작성한 다이어리에 도면스케치, 당시 피고 회사에 있던 설비의 명칭, 기술개발 관련자들의 성명과 전화번호, 자신의 서명과 작성연월일 등을 매우 꼼꼼히 기재해 두었는데, 변론과정에서 다이어리의 복사본을 제출하고 재판부에 원본을 보여줌으로써 발명자로 인정받을 수 있었죠. 1심에서 피고 회사가 원고에게 0000만 원을 지급하는 것으로 화해성립하였기에 원고가 발명자로 인정받은 것이라 봅니다. 특허공보에 발명자로 기재되어도 발명자가 아닌 것으로 인정되는 경우가 많은데, 특허공보에 기재되지 않은 원고가 발명자로 인정된 이와 같은 사례는 매우 드뭅니다.

특허풀에 가입해 수익을 얻은 기업에 대하여 발명자들이
직무발명보상금을 청구한 사례에 대해 알고 싶습니다.

2004년 전후로 L전자가 DVD 관련 발명 다섯 건을 특허풀(Patent pool)[40]에 가입[41]시켜 특허풀로부터 매년 수십억 원의 로열티를 수령하자, 이에 발명자들이 각 발명별로 직무발명보상금을 청구하는 네 건의 소송이 제기되었습니다.

하나의 제품에 수백 개의 특허발명이 실시되어 착종[42]하기 때문에 개별 회사가 개별 회사를 상대로 개별 특허권을 라이센싱하는 것은 번거롭습니다. 이에 각 회사는 자신의 특허들을 풀에 제공하여 여러 특허의 집합체, 즉 특허풀을 구성합니다. 특허풀 주관 회사가 풀 내 특허들을 일거에 라이센싱하여 라이센시들로부터 로열티를 받고, 풀 가입자의 지분별로 일정한 기간마다 분배하지요.

특허풀 가입은 곧 기술의 우수성을 의미하므로, 기업은 특허풀 가입 사실을 적극적으로 홍보하는 경향입니다. 발명자 역시 일반적인 경우에 비해 로열티 수령 사실을 알 가능성이 커집니다. 즉 발명자가 발명으로 인해 기업이 얻을 이익액을 입증하기가 비교적 수월해

지는 거지요.

　그런데 기업들은 특허풀 가입 기술의 우수성을 적극적으로 홍보하다가도, 발명의 양도대가청구소송이 진행되면 그 발명의 가치를 낮게 평가하는 주장을 하기도 합니다. 우수한 발명이라고 적극 홍보했다면, 직무발명보상금 소송의 제기에 관계없이 당당하게 발명의 우수성을 인정하고 다른 측면에서 논리를 연구하고 구성함이 바람직합니다.

　한편, 이 사건의 피고 기업은 크로스라이센스 계약에 의한 수익을 얻는 것으로 보였으나, 원고 측이 크로스라이센스 수익 발생을 입증하는 것이 쉽지 않았습니다. 결국 실제 수령이 확인된 로열티 금액을 기초로 판결을 받거나 판결을 기준으로 한 금액의 화해가 성립하는 등으로 각 사건이 종결되었습니다.

직무발명보상금 청구소송 중 기업이 특허권을 포기한 사례가 있는지요?

　기업이 특허권을 포기한 사례가 여러 건 있습니다. 그 가운데 2003년의 자동차 부품 제조회사 H사의 '자동차용 공기청정기 발명 보상금청구 사례'를 살펴봅시다.

　이 사례의 발명은 여섯 개로 모두 원고 K의 단독발명이었습니다. 피고 H사의 주장 요지는 첫째, K의 발명과 동일하게 실시하지 않고 변형실시했다는 것이고, 둘째는 K 이외에 공동수행자 등 네 명 내지 세 명의 기여율을 고려해야 한다는 것이었습니다. 또한 수익이 발생하지 않았다는 점도 들었습니다. 피고는 특허권 1건, 실용신안권 5건 등을 모두 소멸시켰습니다. 그 결과 1심에서 1500만 원이 판결되었고 2심에서 합의조정이 성립되었습니다.

　1심 판결 산정방식(자사실시 경우)은 다음의 표와 같습니다.

　1심 판결은 이 사건 발명들이 기존의 고안·발명을 이용한 이용발명임을 인정했습니다.

　그리고 피고회사가 특허권을 소멸시킨 후에는 발명을 실시하지

순이익	직무발명보상금 금액	비고
약 3억 원 (1999~2003 기간의 매출액 합계 약 80억 원)	15,000,000원 (3억 원×0.05)	1. 이 사건 발명들이 이용발명임을 인정. 2. 추정실시료율: 3~4%를 넘지 않는다. 3. 원고의 기여율: 5%를 넘지 않는다. 4. K 이외의 공동수행자 등의 기여를 고려 　해야 한다는 피고주장은 인정되지 않음.

않는 것으로 판단했습니다. 그러나 일정한 규모 이상의 기업은 발명 실시 제품으로써 판로를 개척하고, 판로를 굳힌 다음에는 특허권이 없더라도 납품계약을 유지할 수 있을 것입니다. 이에 원고 측은 H사가 실시를 계속하고 있다고 주장하였습니다. 이 사건의 경우, 과연 H사가 이 사건 발명들을 실시하지 않아 특허권을 소멸시킨 것인지, 발명들을 실시함에도 불구하고 소 제기에 대응하기 위한 전술 차원에서 특허권을 소멸시킨 것인지 확실하지 않았습니다.

발명자로부터 '특허를 받을 수 있는 권리'를 양수받은
기업이 타 기업에 그 권리를 이전한 사례에 대해 알고
싶습니다.

2004년 3월 C를 포함한 총 8인의 공동발명 8건(MPEG 4[43] 관련 발명)과 관련하여, 원고 8인이 H · P기업을 상대로 직무발명보상금을 청구한 사건이 있었습니다(서울중앙지방법원 2005가합36248). H기업은 2001년경 휴대폰 사업을 P 기업에 영업양도했는데, 관련 특허권 등도 함께 양도했습니다. H-P기업 간 영업양도계약서에서, '양도기준일(2001년 4월 30일) 이후에 발생한 사유로 인한 계약상의 모든 권리 · 의무는 P기업에게 귀속' 하는 것으로 규정했습니다.

이 사례에서는 발명양도대가 지급채무를 누가 부담하는가가 가장 큰 쟁점입니다. 이 사건 2심 서울고등법원 2007나15716 판결은, 처분보상금에 해당하는 이 사건 직무발명보상금 청구권은 처분이익의 발생시점(2004년 1분기부터 실시료 수입 발생)에 발생하므로 P기업의 책임을 인정하고, 이 사례의 채무인수가 중첩적 채무인수인 까닭에 H기업도 함께 책임을 져야 한다고 판단했습니다. 그리고 발명자들의 공헌도 30%, 즉 기업의 공헌도 70%라 판단하면서, 8인 중 6

인에 대해 이자 제외 금액으로서 모두 약 6억6440만 원을 지급하라고 판결했습니다. 2심 판결에 대해 피고가 상고했으나 대법원에서 피고의 상고가 기각되어 2심 판결은 그대로 확정되었습니다.

자유발명임에도 직무발명에 준하여 양도대금을 다툰 사례를 소개해주시기 바랍니다.

발명자 K씨는 2005년 피고 회사를 상대로 자신의 발명(화학 관련 발명)으로 인한 이익 중 발명자의 공헌도에 해당하는 금원의 지급을 청구하였습니다. 제1심에서는 원고가 전부 패소하였으나, 2010년 고등법원에서 발명자에게 26억여 원을 지급할 것을 명한 판결이 있었습니다. 하지만 같은 해 대법원에서 2심 판결이 파기되어 다시 발명자에게 불리하게 되었습니다. 고등법원 판결문 및 대법원 판결문을 요약 소개합니다.[44]

1.고등법원 판결문 요약

가. 기초사실

시기	내용
1995.	A회사에 재직 중이던 원고가 이 사건 발명을 완성
1995. 6.	B회사 명의로 특허출원. 출원인 명의를 C회사로 변경
1999. 6.	특허등록(C회사 명의)

1999. 12.	C회사와 피고 회사 간에 영업양도계약 체결 (C회사의 사업을 영위하는 데에 사용되는 실질적인 모든 자산과 부채를 포함한 사업을 영업양도)
2000. 1.	C회사가 A회사에 합병됨. 특허권은 C회사→A회사→피고 회사의 순으로 순차 이전등록
2000. 8.	원고가 A회사를 퇴직
2000. 10.	원고가 피고 회사 기술연구소 소장 재직 개시
2005. 3.	원고가 이 사건 발명의 귀속관계에 대하여 이의 제기
2005. 6.	피고는 원고의 위 이의제기에 대하여 "청구 유효기간 내에 청구되었음 을 확인하며, 청구 내용에 대하여 청구 효력의 만료일 이후에도 계속 원 고와 협의하여 나가겠다."는 취지의 답변
2005. 11.	이 사건 소 제기
2005. 12.	원고가 피고 회사를 퇴직

나. 주요 판시 사항

- 이 사건 발명은 자유발명에 해당한다.

- 원고가 출원 당시 '특허를 받을 수 있는 권리'를 B회사에 유상 양도하는 묵시적인 약정이 있었다.

- 이 사건 발명이 수익을 창출한 것은 피고 회사의 영업양수 이후 이다.

- 피고 회사는 C회사로부터 이 사건 특허권과 함께 이 사건 특허를 받을 수 있는 권리의 양도대금 지급채무도 승계했다.

- 이 사건 특허를 받을 수 있는 권리의 양도대금은 직무발명보상금에 준한다고 볼 수 있다.

- 이 사건 발명의 독점으로 인한 이익을 산정함에 있어 통상실시로 인한 이익으로서 전체 이익으로부터 2분의 1을 공제(독점권기여율 1/2)

－이 사건 발명의 실시료율 1%

－라이센스료 수입 중 이 사건 발명의 비중: 전체 라이센스 및 노하우 대금 중 20%

－피고 등 사용자 측의 공헌도 75%, 원고의 공헌도 25%

－원고 이외에 L, G 등의 실험수행 지원이 있었으므로 이 사건 발명에 관한 원고의 기여도 80%

다. 양도대금 계산

구분	연도	계산	인용금액
자기실시	2000~2008	약 6537억 원×1/2×1%×25%×80%	약 6억5370만 원
	2009~2015	약 3896억 원×1/2×1%×25%×80%	약 3억8963만 원
라이센스료 수입	2002, 2004, 2008 3회 라이센스계약 체결	약 385억 원×20%×25%×80%	약 15억3925만 원
인용금액 합계			약 25억8258만 원

2. 대법원 판결문 요약

……사용자가 직무발명을 제3자에게 양도한 이후에는 더 이상 그 발명으로 인하여 얻을 이익이 없을 뿐만 아니라, 직무발명의 양수인이 직무발명을 실시함으로써 얻은 이익은 양수인이 처한 우연한 상황에 따라 좌우되는 것이어서 이러한 양수인의 이익액까지 사용자가 지급해야 할 직무발명보상금의 산정에 참작하는 것은 불합리하다. 따라서 사용자가 직무발명을 양도한 경우에는 특별한 사정이 없는 한 그 양도대금을 포함하여 양도 시까지 사용자가 얻은 이익액만

을 참작하여 양도인인 사용자가 종업원에게 지급해야 할 직무발명 보상금을 산정해야 한다.

위 법리에 비추어 보면, 원고와 소외 B회사 사이에 '이 사건 발명을 직무발명으로 가정하여 산정한 직무발명보상금 상당액'을 양도대금으로 지급하기로 한 약정의 내용은, 이 사건 발명이 제3자에게 양도되는 경우에는 특별한 사정이 없는 한 그 양도대금을 소외 B회사가 얻을 이익액만을 참작하여 산정하기로 한 것일 뿐이다. 즉 양수인인 제3자가 얻을 이익액까지 참작하여 산정하기로 한 것은 아니다.

…(중략)…

그럼에도 원심은 이 사건 발명의 양수인인 피고에게 발생하였거나 발생할 이익액을 참작하여 피고가 원고에게 지급해야 할 양도대금의 액수를 산정했다. 여기에는 이 사건 권리의 양도대금 산정에 관한 법리를 오해하여 판결에 영향을 미친 위법이 있다.

특허공보상 발명자로 기재된 자가 기업을 상대로 발명양도대가 청
구소송을 제기하면, 기업은 그가 발명을 하지 않고 제3자가 했다고
주장하기도 합니다. 이처럼 발명자인지의 여부는 큰 쟁점 중 하나입
니다. 특허공보상 발명자로 기재된 자가 진정한 발명자인지에 대해
서 특허공보상의 타 발명자가 다투기도 하고, 특허공보상 발명자로
기재되지 않은 자가 발명자인지 여부에 대한 분쟁도 발생합니다.

공동발명자 사이에서 기여도의 상대적 크기[45]에 대한 다툼도 발생
합니다. 예를 들어 2004년 L전자 사건[46]을 살펴보면 갑, 을, 병, 정
네 명의 공동발명(DVD 관련 발명)에서 2004년 3월 갑이 L전자를 상
대로 제소한 후 2004년 12월 을이 제소하여 두 사건을 병합하여 심
리를 계속하던 중 2005년 10월 병, 정이 공동으로 독립당사자참가
소송을 제기했습니다. 이에 원고들(갑, 을), 피고, 참가인들(병, 정) 사
이에 3면 소송이 진행되었습니다. 기여도 관련 사전합의에서 갑과
을은 갑 40%:을 60%, 병과 정은 병 50%:정 50%로 정했고, 당해

발명에 대한 기여도에 대해 원고들은 원고들 : 참가인들=a : b(a >b)임을 주장했고, 참가인들은 원고들 : 참가인들=b : a임을 주장했습니다.

이 사건 1심에서는 갑과 을의 기여도가 병과 정에 비해 큰 것으로 인정받았습니다. 갑과 을은 항소심 도중 피고와 합의하여 사건이 먼저 종결되었고, 병과 정 역시 이후 피고와 합의하여 사건이 종결되었습니다.

　　2005년 J기업의 사례를 들어보겠습니다. 원고 H는 2001년 11월부터 2005년 1월까지 피고 회사에 기획이사로 근무하였습니다. 원고를 포함하여 세 사람이 2001년 하반기부터 자동차 관련 스마트카드 비즈니스모델을 연구하여 이 사건 발명을 완성했고, 2003년 9월 25일 특허등록을 했습니다. 피고 회사가 이 사건 특허권을 보유하는 기간 중의 납품계약 총액은 약 65억 원이었습니다. 그런데 2005년 1월 피고 회사가 S사와 이 사건 특허권을 포함한 일체의 자산을 대금 25억 원에 양도하는 자산양도계약을 체결하고 일체의 자산을 이전하자, 원고는 2005년 직무발명보상금 청구소송을 제기했습니다(서울중앙지방법원 2006년 8월 25일 선고 2005가합68566호 사건).

　　이 사건에 대하여 서울고등법원이 2007년 8월 21에 선고한 항소심 판결(2006나89086호)(확정)의 판시 내용 일부를 인용하면 다음과 같습니다.

납품계약 총액 약 65억 원 관련

위 납품계약 총액이 이 사건 특허권의 독점적 · 배타적 효력에 기인한 것인지, 아니면 통상실시권의 효력에 기인한 것인지 등의 여부에 관하여 원고의 추가적인 입증이 없는 이 사건에 있어서 위 인정사실만으로 사용자가 얻을 이익액을 산정하기는 어렵다.

일체의 자산 양도대금 25억 원 관련

이 사건 특허권의 독점적 · 배타적 가치는 적어도 위 자산 양도대금의 30% 정도인 750,000,000원(자산 양도대금 2,500,000,000원×30%)에 이른다.

원고가 이 사건 특허발명의 완성에 공헌한 정도

이 사건 특허발명은 그 성질상 BM특허(Business Model Patent)에 해당하는 것으로서 사용자에 의한 설비 · 자금제공 등의 공헌도보다 발명자에 의한 창작적 공헌도가 비교적 중요한 것으로 평가되는 점, 원고가 이 사건 특허발명에 관한 아이디어를 최초로 착안하고 그와 같은 아이디어의 구체화 작업에 계속적으로 관여하여 온 점, 공동발명자가 세 명인 점 등의 제반 사정을 종합하여 보면, 원고의 창작적 공헌도는 10% 정도가 된다.[47]

직무발명보상금

75,000,000원(사용자의 이익액 750,000,000원×원고의 공헌도 10%)

수원지방법원 2009가합2746 사건 1심 판결에 대해 원고 N씨 및
피고 D사가 불복하지 않아 2010년에 확정된 사례가 있습니다.

원고는 피고 회사 내의 연구팀 소속 연구원들과 더불어 1997년 4
월부터 폴리머전지 개발에 착수하여 1998년경 폴리머전지 관련 세
건의 발명을 했습니다(특허발명1, 특허발명2, 이 사건 등록고안. 이 세
건의 발명자는 총 4명). 2004년 피고 회사는 일본 소니사와 크로스라
이센스 계약을 체결했는데, 2000년 9월부터 변론종결일(2010년 9
월)까지 피고가 제조 판매하는 모든 폴리머전지에는 이 사건 발명 세
건이 실시되고 있었습니다. 피고는 이 사건 특허발명 및 등록고안
이외에도 000개의 특허발명 등이 실시되고 있고, 피고가 폴리머전
지와 관련하여 출원한 특허가 0000개에 이르므로 이 사건 특허발명
및 등록고안의 비중은 매우 작다고 주장했습니다. 피고 회사의 폴리
머전지 매출액은 2000~2008년 약 2020억 원, 2009~2010년 1분
기 약 1010억 원, 합계 약 3030억 원으로 연평균 약 300억 원의 매

출을 보였습니다. 한편 피고 회사가 원고의 발명 대가로 지급한 금액은 약 36만 원이었습니다. 이에 원고는 2008년 4월 직무발명보상금 청구소송을 제기했습니다.

이 사건에 대한 2010년 11월 수원지방법원의 1심 판결 판시 내용을 요약하면 다음과 같습니다.

- 연평균 매출액의 1998. 7. 29.~2018. 7. 29. 기간의 합계: 약 5200억 원
- 실시료율: 0.9%
- 피고의 폴리머전지 매출액에 있어서 이 사건 특허발명 및 등록고안이 기여하는 비율: 60%
- 1998. 7. 29.~2018. 7. 29.의 20년간 이 사건 특허발명 및 등록고안으로 인하여 얻을 이익: 약 28.1억 원(약 28.1억 원=약 5200억 원×0.009×0.6)(크로스라이센스로 인한 수익은 위와 같은 추정을 통해 피고가 얻는 이익을 산정하는 이상, 피고가 현실적으로 일본 소니사로부터 받은 금전을 더할 것은 아니므로 원고의 위 주장[48]은 받아들이지 않는다.)
- 발명자들의 보상률: 10%
- 이 사건 발명에 참여한 발명자들 중 원고의 기여율: 30%
- 판결금액 계산: 약 28.1억×0.1×0.3-약 36만 원=약 8395만 원

이 사례는 직무발명보상금 산정방식에 관한 우리나라 판결 중 가장 상세한 것으로 볼 수 있는데, 많은 개수의 발명이 동시 실시되어

이 사건 발명의 가치가 희석된다는 피고의 주장을 거의 수용하지 않
은 것으로 해석됩니다.

일본 특허법 중 직무발명 관련 조항(2005. 4. 1. 시행)을 아래와 같이 발췌 번역하여 소개합니다.

일본 특허법 제35조

① …생략…(직무발명의 의의 규정 – 한국법과 거의 동일)

② 종업원 등의 발명에 대하여 그 발명이 직무발명인 경우를 제외하고는 미리 사용자 등에게 특허를 받을 수 있는 권리나 특허권을 승계시키거나 사용자 등을 위하여 전용실시권을 설정하도록 하는 계약이나 근무규칙 등의 조항은 무효로 한다.

③ 종업원 등은 계약, 근무규칙, 기타의 규정에 의하여 직무발명에 관하여 사용자 등에게 특허를 받을 수 있는 권리 또는 특허권을 승계시키거나 사용자 등을 위하여 전용실시권을 설정한 경우 상당한 대가의 지불을 받을 권리를 가진다.

④ 계약, 근무규칙 기타 규정에서 전항의 대가에 관하여 정하는

경우에는 대가를 결정하기 위한 기준의 책정 시 사용자 등과 종
업원 등 간에 행해진 협의의 상황, 책정된 당해 기준의 개시 상
황, 대가의 액 산정 시에 행해진 종업원 등으로부터의 의견청취
상황 등을 고려하여, 그 정한 바에 의해 대가를 지불하는 것이
합리적이어야 한다.
⑤ 전항의 대가에 관한 규정이 없거나, 그 정한 바에 의해 대가
를 지불하는 것이 동항의 규정에 의해 불합리하다고 인정되는
경우에는, 제3항의 대가의 액수는, 그 발명에 의하여 사용자 등
이 얻을 이익의 액수, 그 발명과 관련한 사용자 등의 부담과 공헌
및 종업원 등의 처우와 그 밖의 사정을 고려하여 정하여야 한다.

위와 같이 직무발명과 관련된 일본의 법률과 우리나라 법률은 비
슷합니다. 다른 점은, 첫째 일본은 노사 간의 협의상황 등을 고려해
그 정한 바에 의해 대가를 지불하는 것이 합리적이어야 한다고만 규
정하고 합리적일 경우의 보상이 정당한 보상이라고 간주하지 않음
에 반해, 우리 법률은 노사 간의 협의상황 등이 합리적이면 바로 정
당한 보상으로 간주합니다. 둘째 일본에서는 특허법에서 규율하고
우리 법에서는 발명진흥법에서 규율하며, 셋째 일본은 '상당한 대
가'라는 표현을 사용하고 우리는 '정당한 보상'이라는 표현을 사용
하는 점 등입니다.

직무발명보상금 청구 사례로는 1980년대부터 2010년 12월 현재
까지 약 150건 내외(추정)의 사례가 있었습니다. 2001년까지 판결에
의해 인정된 최고금액이 1억 원 미만이었으나, 2002년 11월 29일
에 3억 원을 초과한 최초의 판결(히타치제작소 1심)이 있었죠. 그런데
2004년 초에 나카무라 슈지 1심 약 2000억 원(2심에서 약 84억 원에
합의 성립), 히타치제작소 2심 약 18억 원(1심은 약 3억8000만 원), 아
지노모토 1심 약 20억 원 등의 판결이 있어 근로자 발명자에게 무척
고무적인 상황이 조성되었습니다.

현재 일본 판례의 태도는 직무발명보상금의 상한선을 정한 회사
규정은 무효라는 것입니다.

일본의 기타 발명양도대가 청구 사례[49]

순번	제소 시기	피고	대상기술	소개(양도대가로서 주장하는 금액)(엔)	판결일 (법원)	인용금액 (엔)
1	1979	일본금속가공	시계밴드재료 등의 제조기술	2530만	1983. 12. 23. (도쿄지재)	330만

2	1981	동선콘크리트	콘크리트 파일	약 1137만	1983. 9. 28. (도쿄지재)	약 841만
3	1989	카네신	건물용금구	약 3090만	1992. 9. 30. (도쿄지재)	1292만
4	2001	상인마호빙	스테인리스 강제 마호빙 제조관련기술	1억5000만	2004. 4. 28. (오사카지재)	640만
5	1991(1993 항소,1994 상고)	고센	낚싯줄	약 1640만	1994. 5. 27. (오사카고재)	약 170만
6	1995(1999 항소,2001 상고)	올림푸스광학	CD독취기구의 소형화기술	2심: 약 5229만 1심: 2억	2001. 5. 22. (도쿄고재)	2심 250만 (1심: 동액)
7	1998(2002 항소)	히타치제작소	CD독취기술 등의 광관련기술	약 9억	2002. 11. 29. (도쿄지재)	3474만
8	1999	삼덕	희토류금속의 회수방법	3000만	2002. 5. 23. (오사카지재)	200만
9	2001	닛카전측	캔 체커 기술	400만	2002. 9. 10. (도쿄지재)	약 53만
10	2002(20 03항소)	히타치금속	Fe-R-N계 자석 의 구조 및 제법	약 8975만	2003. 8. 29. (도쿄지재)	약 1129만

일본 나카무라 슈지 사건은 2심에서 84억 원으로 합의 종결되었는데, 그 경위와 배경에 대하여 의문이 가시지 않습니다.

나카무라 슈지 사건(청색 LED 발명대가 청구사건)은 2005년 1월 11일 2심(도쿄고등재판소)에서 피고 니치아화학공업이 원고 발명자에게 발명[50] 대가로서 약 6억 엔과 지연손해금을 합해 약 8억 4000만 엔을 지불하는 것으로 화해 성립되었습니다. 이 금액은 직무발명보상금 청구소송으로는 사상 최고 금액입니다.

1심 판결금액에 비해 적은 금액으로 화해가 성립된 데에는 다음과 같은 배경이 있습니다. 당시 1심 재판부는 발명자들이 정당한 보상을 받아야 한다는 점을 깊이 인식했던 것으로 보입니다. 그러나 1심 판결이 차후 발명자들에게 어떤 영향을 미칠 것인지는 미처 예상하지 못했지요. 1심 판결 후 이 같은 거액 판결 상황이 계속된다면 기업이 경영상 매우 큰 위험(risk)부담을 지게 된다는 여론이 전개되었습니다. 일본의 발명자들은 조직된 힘을 갖고 있지 못한 상태에서 이러한 여론에 대한 반론을 제기할 수조차 없었죠.

또한 직무발명 관련 규정이 발명자에게 불리하게 개정되어 2005

년 4월 1일부터 시행되기에 이릅니다. 화해권고안은 2005년 1월 제시되었는데, 발명자는 차후 소송전개 방향 등을 심사숙고한 끝에 화해안을 수용하기로 결정하여 화해 종결되었습니다.

나카무라 슈지 사건 2심 화해금액 8억 4391만 엔의 구체적인 산정방법

구분	매출액(가) (단위:엔)	보상금액(나) (단위: 엔)	비고
1994	439,000,000	1,097,500	가×0.5(독점에 의한 비율)×0.1(실시료율)×0.05(발명자공헌도)=나
1995	1,755,000,000	4,387,500	상동
1996	3,852,000,000	9,630,000	상동
1997	8,975,000,000	15,706,250	가×0.5(독점에 의한 비율)×0.07(실시료율)×0.05(발명자공헌도)=나
1998	14,360,950,000	25,131,663	상동
1999	20,876,190,000	36,533,333	상동
2000	34,625,200,000	60,594,100	상동
2001	45,867,300,000	80,267,775	상동
2002	71,222,520,000	124,639,410	상동
1994~2002	201,973,160,000	357,987,530	
2003년 이후		250,591,271	1994~2002기간 연평균 보상금액×9(유력특허의 평균잔존기간)×0.7(조정률)=나
보상금 합계액		608,578,801 (6억 857만 엔)	
지연손해금		2억 3534만	1997. 4. 18.부터 2005. 1. 11.까지 기간에 대하여 연 5% 비율에 의한 지연손해금
화해권고금액총계		8억 4391만 엔	2005. 1. 31.까지 지급

＊ 2003년(크로스라이센스 계약) 이후: 2003년 이후 라이센시의 장래 합계예상매출액×가정실시료율을 예상하기 곤란함 ⇨ 1994년~2002년 기간 연평균 보상금액×9년(유력특허의 평균잔존기간)×0.7(조정률)로 계산.

니치아화학의 견해

(니치아화학공업주식회사, 청색발광다이오드소송의 귀결, 일본《지재관리》, 2005. 5호 참조).

−1심 판결의 오류 네 가지: ① 404 특허(문 1의 '본건 특허발명') 기술의 대체기술(나고야대학 아카사키 이사무 교수그룹의 기술 등)이 많다. ② 청색 LED 제조를 위해서는 404 특허 외에 많은 기술이 필요하다. ③ 니치아화학이 1997년 이후 양산에 사용하는 방법은 404 특허가 아닌 다른 방법이다. ④ 훌륭한 연구환경이었고, 청색 LED 개발에 대한 사장의 중지명령은 있을 수 없다.

−도합 195건에 대해 6억 엔이므로, 원고(발명자)에게 유리하게 계산하더라도 404 특허 하나에 대한 보상금액은 1010만 엔이어서, 1심 판결 604억 엔에 비해 6000분의 1에 불과하다. 2심 재판부의 대규모 감액평가는 화해안을 받아들이는 이유의 하나다.

−404 특허를 제외한 나머지 특허 등에 대한 대가액이 5억9000만 엔이라는 점에 대해서는 인정할 수 없으나, 당사의 비용, 노력, 시간을 절약하기 위해서 화해안을 수용한다.

−1인의 천재(나카무라 슈지−저자주)가 성취한 것이 아니라는 점과 젊은 기술자들의 명예가 회복된 점에 2심 판결의 의의가 있다.

일본의 직무발명보상금 청구소송 중 전자업계의 대표적
사례로 알려진 히타치제작소 사건을 알고 싶습니다.

CD나 DVD 등 광디스크의 독취기술을 발명한 히타치제작소(일본
도쿄 소재)의 전직사원(요네자와 세이지, 당시 주임연구원)이 1998년에
발명양도대가 약 9억5000만 엔의 지불을 요구하는 소를 제기했는
데, 그 2심 판결(헤이세이14(네)6451호)이 2004년 1월 29일 도쿄고등
재판소에서 있었습니다. 재판부는 '발명자 두 사람의 공헌도 20%,
원고의 공헌도 14%(발명자 두 사람 중 원고의 공헌도 비중 70%, 공동발
명자 C의 비중 30%)임을 인정하고, 회사에 도합 약 1억 6300만 엔(1
심 판결금액을 포함한 금액) 및 이자의 지불을 명령했습니다(이 2심 판
결에 대하여 히타치제작소가 상고하였으나, 2006년 10월 17일 히타치제작
소의 상고가 기각되어 2심 판결이 확정되었다).

히타치제작소 사건은 2002년 1심 판결에서도 3474만 엔의 판결
이 나와, 당시 일본 최고액의 직무발명보상금 판결로서 주목받은 바
있죠. 아래에서 2심 판결문의 일부를 발췌 인용합니다(문 38과 동일
사례).

[주문]

(생략)

2. 1심 피고는 1심 원고에 대하여 금 1억2810만6300엔 및 이에
대한 1998년 8월 8일부터 완제일까지의 연 5% 비율의 금원을 지
급하라.

(생략)

[사실 및 이유]

제1 당사자가 청구한 재판 (내용 기재 생략)

제2 사안의 개요 (내용 기재 생략)

제3 당 법원의 판단

(생략)

3. 본건 발명1의 특허를 받을 수 있는 권리 승계의 '상당한 대가'
에 대하여

(1) 라이센스계약 체결에서 본건 발명1의 가치에 대하여

증거(갑44, 갑47, 갑48, 갑57, 갑82, 갑159의 1, 갑190, 갑196, 갑197,
갑210의 1·2, 갑222, 갑231, 갑240, 갑288내지 294(가지번호 생략), 갑
299, 갑312 내지 316, 을187 내지 189)에 의하면 다음의 사실이 인정
된다.

① 본건 발명1은, 기록정보를 광학적으로 재생하는 장치의 광픽업
유닛에서 타원발광반도체 레이저의 광스폿을 원형으로 하는 발명
으로, 간편하고 값싼 CD용 광픽업 유닛을 실현 가능케 한 유일한

발명이다. 이론적으로는 본건 발명1의 대체기술이 존재하지만, 다수 기업의 CD관련 제품에 실시되고 있고, 업계에서 CD관련 상품에 관하여 회피 불가능한 특허의 하나로서 널리 인식되고 있었다. ② 1심 피고가 CD관련 상품에 관하여 타사와 포괄적 라이센스계약을 체결함에 있어 본건 발명1은 언제나 1심 피고의 주요특허의 하나로서 기재되었으며, 가장 중요한 특허의 하나였다. ③ 1심 원고는 1심 피고 재적(在籍) 중에, 본건 발명1에 대하여 전략특허금상을 수상하였다(1심 피고의 중앙연구소 및 영상미디어연구소에서의 과거 20년간의 특허출원 1만여 건 중에서 전략특허금상을 수상한 특허권은 6건(0.06%)에 그친다). ④ 본건 발명1에 대해서는 일본뿐 아니라 미국, 캐나다, 프랑스, 영국, 네덜란드 각국에 특허등록이 되어 있다. ⑤ 본건 발명1에 관련한 특허의 출원일, 등록일 및 특허의 존속기간만료일은 별지A와 같다(일본특허가 1997년 9월 16일, 미국특허가 1997년 11월 25일, 캐나다, 프랑스, 영국, 네덜란드 특허가 모두 1998년 9월까지, 어느 것도 무효가 되지 않고 존속하였으며 각 존속기간이 만료하였다).

(생략)

이상으로부터, 1심 피고가 전 세계에서 제조 판매된 모든 CD플레이어 등의 CD관련 제품에 대하여 라이센스계약 내지 크로스라이센스 계약을 체결하고 그때에 본건 발명1에 의해 실시료를 취득할 것인지, 실시료를 얻는 대신에 상대방 특허의 실시허락을 얻을 것인지를 정했다고 볼 수는 없지만, 본건 발명1은 실제로 1심 피고가 라이센스계약 내지 크로스라이센스 계약을 체결할 때에 중요

한 역할을 한 특허의 하나였다고 할 수 있다. (생략)

⑷ 본건 발명1의 완성에 사용자 등이 공헌한 정도에 대하여
……원판결이 ……에 기재한 이유에 의해, 본건 발명1의 완성에 1심 피고가 공헌한 정도를 80%로 인정한 것은 옳다.

⑸ 공동발명자 간의 공헌도에 대하여
…… '도쿄도 발명연구공로표창후보자조사표' (갑27)에 공동발명자 간의 공헌도로서 1심 원고 70%, C 30%의 서술이 있는 점, 1심 원고를 이 표창의 후보자로 추천하는 데 대해서 C도 승낙한 점(갑238)을 근거로 하여, 공동발명자인 C의 공헌도를 30%, 1심 원고의 공헌도를 70%라고 인정한 원판결의 판단은 옳다.

⑹ 본건 발명1의 승계의 상당한 대가에 관한 결론
본건 발명1의 '상당한 대가'는 다음과 같이 1억6516만4300엔이다. 이 금액으로부터 본건 발명1에 관한 보상금액 등 231만8000엔을 빼면 1억6284만6300엔이다.
㈎ 포괄적 라이센스계약 등에 기초한 '상당한 대가'
8116만4300엔
① 필립스9880만엔＋②…＋…⑮…＝5억7974만5000엔
이 금액에 14%(발명자의 공헌도 20%×공동발명자간 1심 원고의 공헌도70%)를 곱하면, 8116만4300엔이 된다(㈏에 관해서도 동일).
㈏ 포괄적 크로스라이센스 계약에 기초한 '상당한 대가'
8400만 엔

(a) 소니: 8400만 엔(6억 엔×14%)

(b) 필립스: 0엔

(C) 올림푸스: 0엔

(생략)

6. 결론

본건 발명1의 승계의 상당한 대가의 부족분은 합계 1억6284만 6300엔이며, 이 금액으로부터 원판결이 본건 발명1에 관하여 인용(認容)한 3474만 엔을 빼면, 1억2810만6300엔이다.

(생략)

1심 판결 후 발명자 요네자와 세이지의 변

1심 판결 후 발명자 요네자와 세이지(米澤成二)는 연구자에 대한 일본기업의 현재 처우에 이의를 제기하면서 "연구자가 활기찬 분위기인 대만, 한국, 중국의 기업에 지지 않기 위해서도, 일본 연구자들의 활력을 고양하기 위한 방법을 고민하여야 한다."고 진술하였다. 그리고 "1970년대, 당시 거의 개념이 없었던 컴퓨터 시뮬레이션을 스스로의 아이디어로 활용하여 광디스크의 연구에 돌입하였다. ……많은 연구자가 참여하는 프로젝트 방식의 장점도 있지만, 새로운 발상이 필요한 때에는 연구자 간의 연계를 느슨하게 하고 '개인의 능력'에 의존함이 좋다고 생각한다."는 의견을 개진했다(2002년 12월 10일).

　　일본의 판결들은 발명에 대하여 상당히 세밀한 분석을 하는 것으
로 보이는데 다음 판결도 그렇습니다. 이 사건 발명(빌리루빈 측정방
법)의 발명자는 피고 회사(和光純藥공업주식회사)에 1971년에 입사하
여 1972년부터 2003년까지 약 31년간 임상검사약 개발에 종사하였
고 2007년 퇴직하였습니다. 발명자는 2007년 도쿄지방재판소에 직
무발명보상금 1억 엔을 청구하는 소를 제기하였고(1심 사건번호: 도쿄
지방재판소 헤이세이19년(와)제31700호), 재판부는 2009년 12월 25일
에 판결을 선고하였습니다.[51]

[주문]

1. 피고는 원고에 대하여 243만6624엔 및 2007년 12월 8일부터
   완제일까지 이에 대한 연 5% 비율에 의한 금원을 지급하라.

2. 원고의 나머지 청구를 기각한다.

3. 소송비용은 이를 100분하여 그 3을 피고의 부담으로 하고, 나

머지는 원고의 부담으로 한다.

4. 이 판결 제1항은 가집행할 수 있다.

[사실 및 이유]

제1 청구

피고는 원고에 대하여 1억 엔 및 2007년 12월 8월부터 완제일까지 이에 대한 연 5% 비율에 의한 금원을 지급하라.

제2 사안의 개요

1. 사안의 요지

본건은 피고의 종업원이었던 원고가 '빌리루빈의 측정방법' 에 관한 후기 발명(일본특허 제2666632호)이 원고를 발명자로 한 직무발명이고, 그 특허를 받을 수 있는 권리를 피고에게 양도하였다고 주장하며, (중략) 위 양도의 상당대가의 일부청구로서 1억 엔 및 소장송달일 다음날부터의 지연손해금을 청구한 사안이다.

(생략)

제4 당 재판소의 판단

(생략)

2. 쟁점 1(원고의 발명자 해당성)에 대하여

(1) 발명자는 발명의 기술적 사상의 창작행위에 현실적으로 가담한 자를 말하며, 발명자라고 할 수 있으려면 당해 발명의 기술적 사상의 특징적 부분을 착상하고, 이를 구체화함에 관여할 것을 요

한다고 해석된다.

(생략)

(2) 본건 발명의 특징적 부분

(생략) 본건 발명의 특징적 부분은, '총 빌리루빈 또는 직접 빌리루빈을 측정할 때에, 바나딘산이온 또는 3가의 망간이온을 빌리루빈의 산화제로서 이용하는 점'(이하 '본건 발명의 특징적 부분①'이라 한다), '직접 빌리루빈을 측정할 때에 히드라진류, 히드라키실아민류, 옥시움류, 지방족다가아민류, 페놀류, 수용성고분자 및 값이 15 이상의 비이온형 계면활성제로 이루어진 군으로부터 선택된 1종 이상의 화합물을 간접 빌리루빈의 반응억제제로서 사용하는 점'(이하 '본건 발명의 특징적 부분②'라 한다)임이 인정된다.

(3) 본건 발명의 특징적 부분 착상, 구체화의 관여 유무

(생략)

(4) 소결론

이상과 같이 본건 발명의 특징적 부분 ①에 관해서는 B가 착상하고 구체화한 것으로 원고가 이에 관여한 것은 아니며, 본건 발명의 특징적 부분 ②에 관해서는 원고가 그 착상, 구체화 시에 주도적인 역할을 담당한 것으로 인정되어, 원고 및 B는 양자 모두 본건 발명의 기술적 사상의 창작행위에 현실적으로 가담한 자로서 본건 발명의 공동발명자임이 인정된다.

상기 인정에 반하는 원고 및 피고의 주장은 모두 채택하지 않는다.

3. 쟁점 2(상당대가의 액)에 대하여

(생략)

⑵ 발명에 의해 사용자 등이 얻을 이익액

a. (전략)

이상 ①, ②의 인정사실 및 본건에 나타난 제반 사정을 고려하면, 피고의 본건 시약 매출액 중 피고가 본건 발명의 사용에만 쓰는 물건의 제조판매를 사실상 배타적으로 독점하고 제3자에 의한 제조판매를 배제함으로써 얻은 초과매출액에 관련된 부분의 비율이 40%로 인정된다.

따라서 본건 시약의 매출액 중 초과매출액에 관련된 부분은 27억 2736만 엔으로 인정된다(68억1840만 엔(매출액)×0.4(초과매출액의 비율)=27억2736만 엔).

b. 다음으로 상정실시료율(가상실시료율)에 관해 검토한다.

(전략) 가상실시료율은 3%로 인정한다.

c. 소결론

이상에 의하면 본건 발명에 의하여 피고가 얻을 이익액은 8182만 800엔이다(초과매출액 관련 부분 27억2736만 엔×가상실시료율 0.03 =8182만800엔).

(생략)

⑶ 발명에 관해 사용자 등이 공헌한 정도

……이상과 같이 피고의 연구설비, 본건 발명의 권리화 과정에서 피고의 대응 및 원고의 관여, 본건 시약의 제품화 및 판매에서의 피고의 대응, 원고 및 B에 의한 본건 시약의 제품화 및 영업활동에서의 기여, 원고 및 B의 직무내용, 본건 발명은 피고가 사내방침으로서 설정한 효소법에 의한 빌리루빈 측정시약의 개발 과정

에서 이루어진 것이며, 본건 발명이 해결해야 할 과제의 일부가 상기 개발의 테마로부터 주어진 것이라는 점 등 본건 발명에 이르기까지의 제반 사정을 종합하면, 본건 발명에서 피고의 공헌도는 90% 이상이다.

⑷ 발명자 간의 기여비율

……이상의 점들을 종합하면 본건 발명의 공동발명자인 원고 및 B 간의 기여비율은 원고 30%, B 70%라고 인정한다.

⑸ 소결론

a. 이상에 의하면 원고 및 B의 공동발명인 본건 발명의 특허를 받을 수 있는 권리 전부(본건 외국특허에 관한 특허를 받을 수 있는 권리 포함)가 피고에 승계된 것에 대한 '상당한 대가'의 액은, 본건 발명에 의해 피고가 얻을 이익액 8182만800엔으로부터 피고의 공헌도 90%에 상당한 금액을 뺀 818만2080엔이 되는 바, 그중 원고가 본건 발명의 특허를 받을 수 있는 권리(공유지분)를 피고에 승계한 것에 의해 지불받을 상당대가의 액은 상기 818만2080엔의 30% 인 245만4624엔으로 인정된다.

계산식: 8182만800엔(피고가 얻을 이익액)×(1−0.9(피고의 공헌도))×0.3(원고의 기여비율)=245만4624엔

b. 그런데 원고는 피고로부터 본건 발명에 관한 보상금으로서 합계 18,000엔을 지급받았으므로, 피고가 원고에게 지불할 상기 상당대가의 부족액은 243만6624엔이다.

(후략)

미국 특허법(35 U.S.C.)에는 직무발명에 관한 규정이 없고 각각의 주법이 규정합니다. 주마다 차이가 있으나 일반적으로는 아래와 같습니다.[52]

1. 사용자와 피용자 간에 계약(직무발명관련 계약)을 체결하여 소유권이 사용자에게 귀속.

   이 계약서에는 발명의 양도대가 금액 및 구체적인 산정방식에 대해서도 명시하는 것이 보통입니다. 통상의 미국기업이라면 계약서에 따라 처리되기 때문에 직무발명의 기본에 관한 분쟁은 생길 리가 없습니다. 다만 계약서의 해석(발명의 완성시기 혹은 보수의 구체적인 산정방법 등)을 둘러싼 분쟁은 적지 않다고 합니다.[53]

2. (계약의 부존재시) 종업원이 발명을 위하여 고용되었고, 기업의 지시, 과제, 시설 등에 기초하여 발명한 경우—발명은 사용자

에게 귀속.

3. (계약의 부존재시) 종업원이 발명을 위하여 고용된 것은 아니나 사용자의 설비 등을 사용한 경우—발명은 종업원에게 귀속되고, 사용자는 종업원 발명에 대한 발명실시권(shop right: 비독점적, 양도불가의 무상의 통상실시권)을 얻음.

4. (계약의 부존재시) 종업원이 발명을 위하여 고용된 것이 아니며 사용자의 설비 등을 사용하지 않은 경우—발명은 종업원에게 귀속.

독일의 직무발명은 원칙적으로 종업원의 소유입니다. 독일의 직무발명에 대해서는 1957년 종업원발명법이 규정하고 있습니다.

1. 종업원의 발명 완성 시 직무발명/자유발명 여부를 불문하고, 사용자에게 그 사실을 보고할 의무 부담.

2. 직무발명의 경우 사용자는 4개월 이내에 서면에 의하여 ① 무제한적 인도청구, 또는 ② 제한적 인도청구 가능 → 4개월 이내의 청구를 게을리 하였을 경우 자유발명이 됨.

3. 무제한으로 사용자에게 귀속시킬 것을 청구한 경우 '무제한적 인도청구'[54, 55] → 직무발명에 관한 권리는 모두 사용자에게 이전(종업원에게는 보상금청구권 발생).

4. 제한적으로 사용자에게 귀속시킬 것을 청구한 경우 '제한적 인도청구' → 직무발명에 대하여 사용자는 비독점적 통상실시권을 취득(종업원에게는 보상금청구권 발생).

중국의 직무발명제도는 관련 현행 법령을 번역소개함으로써 설명을 대신합니다. '중국특허법'은 개정법이 2009년 10월 1일부터 시행되었고, '중국특허법실시세칙'은 개정된 것이 2010년 2월 1일부터 시행되었습니다.

특허법 제2조
이 법에서의 발명창조는 발명, 고안, 디자인 등이다.

특허법 제6조
소속단위의 임무를 수행하며, 혹은 주로 소속단위의 시설이나 기술조건을 이용하여 완성시킨 발명창조는 직무발명창조이다. 직무발명창조에 대하여 '출원할 권리'는 그 단위에 속한다. 권리가 부여되면 그 단위가 특허권자[56]이다.
비직무발명창조에 대하여 '출원할 권리'는 발명자·창작자에게 속한다. 권리가 부여되면 발명자·창작자가 특허권자이다.
소속단위의 시설이나 기술조건을 이용하여 완성시킨 발명창조에 관하여 단위와 발명자·창작자 간에 '출원할 권리' 및 특허권의 귀속에 대해 약정이 있을 경우, 그 약정에 따른다.

특허법 제16조
특허권을 부여받은 단위는 직무발명창조의 발명자·창작자에게 보상금을 지급하여야 한다. 발명창조의 실시 후에는 그 보급, 응용의 범위 및 취득한 경제적 이익에 따라 발명자·창작자에게 합리적인 보상금을 지급하여야 한다.

특허법 실시세칙 제78조
특허권을 부여받은 단위가 발명자, 창작자 등과 약정을 맺지 않고, 또한 법에 따라 제정한 내부규칙 등에서 특허법 제16조의 보수의 방식 및 수액에 관하여 규정하지 않은 경우, 특허권의 유효기간 내에 발명창조를 실시한 후에 발명 또는 고안의 실시에 의한 영업이익 중 2%이상을 매년 인출하고, 디자인의 실시에 의한 영업이익 중 0.2% 이상을 매년 인출하여, 보상금으로서 발명자 · 창작자에게 지급하여야 한다. 혹은 이 비율을 참고로 하여 발명자 · 창작자에게 보상금을 일괄 지급하여야 한다. 특허권을 부여받은 단위가 다른 단위 또는 개인에게 그 특허의 실시를 허락했을 경우, 받은 실시료 중 10% 이상을 인출하여 보상금으로서 발명자 · 창작자에게 지급하여야 한다.

2001년 이후 특허청 등은 직무발명보상제도 실태조사를
했습니다. 각 조사결과는 어떠한지요?

2001년과 2004년 특허청 등에서 직무발명보상제도 실태를 조사
한 결과는 다음의 표 1과 같습니다. 두 조사결과에서 볼 수 있듯이,
직무발명보상제도에 대하여 긍정적으로 사고하는 기업이 증가한 반
면, 부정적으로 보는 기업도 증가하는 양극화 현상이 있었습니다.
미실시 기업들 중 향후에도 도입계획이 없다고 답변한 기업의 비율
이 증가한 현상도 있었습니다. 직무발명제도가 알려짐에 따라 긍정
적 효과를 중시하는 기업이 증가한 반면에, 직무발명보상금 청구를
부정적으로 보고 대비를 철저히 해야 한다는 인식을 갖는 기업도 증
가한 것으로 보입니다.

표 1. 직무발명보상제도 실태조사 결과

구분	제목	2004년 조사결과	2001년 조사결과
1	설문지 회신 기업수	2053개	1565개
2	직무발명보상제도 실시 기업 비율	19.2% * 실시보상-15.4% 실시 * 처분보상-4.2% 실시	244개(15.6%) * 실시보상-87개(5.6%)실시 * 처분보상-17개(1.1%)실시

3	적정 실시 · 처분 보상금	수입금의 11%	수입금의 13.5%
4	직무발명보상제도 미실시 이유	a. 기업의 경영 방침에 부합하지 않음-27.2% b. 보상금의 객관적인 산정이 어려움-24.8% c. 근로자의 적극적 요구 없음-17.8% d. 회사 경영사정 어려움-13.9% e. 직무발명은 회사에 귀속되는 것이 당연-14.0%	a. 16.3% b. 11.1% c. 15.3% d. 15.7% e. 8.7%
5	도입계획	미실시 기업들 중 향후에도 도입 계획이 없다고 답변한 기업 54.6%	38.1%
6	기업경쟁력과의 관계	실시기업 중 37.2%는 보상제도 도입 후 기업경쟁력이 향상된 것으로 평가-실시기업들은 주로 기업경쟁력 강화를 위해 본 제도를 도입했고 실제로 효과가 있는 것으로 판단.	

　한편 2006년 특허청에서 조사한 직무발명보상 시행기업 비율을 아래 표 2에서 보면 민간기업 평균이 32.3%로서 일본의 87.6%에 비해 상당히 낮습니다. 직무발명제도의 장려책과 홍보가 필요합니다.

표 2. 2006년 직무발명보상 시행기업 비율

구분	분류	시행기업 비율	※일본
1	대기업	65.3%	94.7%
2	벤처기업	27.8%	
3	중소기업	20.3%	86.2%
	*민간기업 평균	32.3%	87.6%
4	공공연구소	47.6%	79.3%
5	대학	48.8%	

표 3의 '전체발명 중 직무발명 비율'(특허청 자료: 〈대전일보〉 2007년 10월 27일자 재인용)에 의하면 직무발명의 비율이 계속 증가하고 있음을 알 수 있습니다. 직무발명의 관리, 처리, 제도시행, 보상과 귀속 등의 문제는 현대 기업의 가장 중요한 문제로 부각되고 있습니다.

표 3. 전체발명 중 직무발명 비율

연도	직무발명	개인발명	전체발명	전체발명 중 직무발명의 비율
2002	86,474	19,662	106,136	81.5%
2003	97,377	21,275	118,652	82.1%
2004	110,811	22,104	132,915	83.4%
2005	136,553	24,368	160,921	84.9%
2006	139,127	20,762	159,889	87.0%

특허청의 2009년 10월 16일 자료에 의하면, 민간기업 직무발명 보상실시율(표 4)은 꾸준한 증가세를 나타내고 있어서 긍정적입니다. 정부 차원에서 직무발명보상제도의 활성화에 노력을 기울이고 있으나, 대기업 등의 노력은 부족합니다. 중소기업 등의 경우에는 경기악화로 직무발명에 대해 관심을 기울일 수도 없는 정황일 수 있습니다. 직무발명제도를 통해 기업의 큰 발전을 가져온 모범사례가 출현하면 좋을 것입니다.

표 4. 민간기업 직무발명보상실시율

연도	실시율
2001	15.6%
2004	19.2%
2006	32.3%
2008	36.3%

최근 산학연공동연구 등이 활발한데, 공동연구에서 직무
발명과 관련해 과학기술자, 경영인 등이 착안해 둘 점은
무엇인가요?

A대학교의 '갑' 교수, '을' 대학원생, '병' 학부학생 등과 B기업의 '정' 연구소장, '무' 연구원, '기' 연구개발지원팀 직원 등이 연구개발에 참여한 산학협동 공동연구의 사례를 검토합니다.

공동연구협약서의 필요성

공동연구에는 여러 주체가 관여하는데, 공동연구로 완성한 발명의 귀속, 기술료의 배분 등이 미묘한 문제여서 공동연구가 활성화되지 못하는 경향이 있습니다. 연구 수행 발명자들의 '직무발명' 및 그로 인한 특허권이 공동연구의 최종 목표물입니다. 따라서 인적 요소로부터 보면, 발명자들과 발명자들이 소속된 조직 등이 어떠한 계약을 하고 활동을 하느냐가 중요합니다. 각 주체들 간에 미리 공동연구협약서 등을 작성하고 연구를 시작하는 것이 바람직합니다.

정부지침의 필요성

공동연구협약서의 작성을 위해서 그 표준이 될 정부지침 등이 마련된다면 도움이 될 것입니다. 정부지침에는 공동연구 참여 주체들이 상호 어떠한 관계를 설정하고 어떠한 협력관계를 유지해 나갈 것인지, 상호 통지의무는 어떻게 부담하는지 등을 규정하면 좋을 것입니다.

발명자 범위 문제

우리나라를 비롯한 대부분 국가의 법제가 발명자주의이므로 누가 발명자인가가 중요합니다. 특허법 등에는 발명자의 의의 규정이 없으므로, 정부지침 등에 발명자의 범위를 규정할 필요가 있습니다. 정부지침이 없는 상태에서는 공동연구 참여 기관들의 소속 인원 중 발명자에 포함되는 범위를 협약서에 미리 규정하는 것이 좋습니다. 예를 들면 위 사례의 B기업 연구개발지원팀 직원 '기' 의 발명자 포함 여부를 미리 규정하는 것이지요.

특허권의 귀속 문제

특허권의 귀속 문제는 공동연구에서 반드시 해결하여야 할 난제 중 하나입니다. 공동연구 참여 주체는 이 문제를 반드시 미리 규정해야 합니다.

기술료 문제

공동연구의 성과로서 기술료를 수령할 수 있는데, 기술료의 수령권자가 누구인가의 문제 역시 공동연구 개시 이전에 미리 정해두는 것이 필요합니다. 국가공동연구과제와 관련하여 정부가 기술료에 관한 합리적 지침을 제정할 필요가 있습니다.

기술의 이전 및 사업화 촉진에 관한 법률

제24조 (공공연구개발 성과의 귀속 등) ① 국가, 지방자치단체 또는 공공기관은 연구개발에 드는 경비를 지원하여 획득한 성과에 대하여 특허 등 지식재산권을 확보하려는 노력을 하여야 한다.

② 국가, 지방자치단체 또는 공공기관은 제1항에 따라 지식재산권을 확보하려는 경우 그 연구개발에 참여한 기관·기업(국공립학교인 경우에는 제11조 제1항 후단에 따른 전담조직을 말하며, 이하 이 조에서 '참여기관 등' 이라 한다) 및 연구자의 권익을 보장하여야 한다.

③ 국가, 지방자치단체 또는 공공기관은 그가 추진하거나 지원하는 연구개발사업에서 생성된 성과에 대통령령으로 정하는 바에 따라 그 활용에 관한 조건을 붙여 이를 참여기관 등에 귀속시킬 수 있다.

④ 공공연구기관은 제3항에 따라 귀속된 공공기술을 직접 이용하거나 관련 법률에 따라 이용이 제한되는 등 특별한 사유가 있는 경우를 제외하고는 기업 등이 이용할 수 있도록 노력하여야 한다. 이 경우 공공연구기관은 공공기술을 이용하게 할 때 필요한 조건을 붙일 수 있으며, 공공기술의 이용자로부터 기술료를 징수할 수 있다.

⑤ 공공연구기관은 제4항에 따라 공공기술의 이용을 허락하려는 경우에는 공공기술을 이용하려는 기업 등에 대하여 균등한 기회를 보장하여야 한다. 다만, 공공기술의 개발에 투자한 기업 등에 대하여는 대통령령으로 정하는 기간 동안 우선권을 부여할 수 있다.

발명진흥법 15조는 노사 간의 협의가 합리적이면 그 협의에 의한 직무발명보상은 정당한 보상으로 간주합니다. 그러나 이러한 규정에 문제점은 없는지 의문이 생깁니다.

구 특허법이 직무발명보상금 액수의 결정을 거의 전적으로 법원에 맡긴 것에 반하여, 발명진흥법에서는 종업원과 기업 간에 계약 등이 있으면 그에 따라 보상금의 액수가 결정될 가능성이 큽니다. 그리고 '정당한 보상'의 기준을 '보상금 결정 과정에서의 절차적 정당성(종업원과 기업 간의 보상형태·보상금의 결정기준 등에 관한 협의 상황에서의 절차적 정당성)'에 두므로, '절차적 정당성'이 인정되면 '정당한 보상'으로 인정될 수 있습니다.

이와 같은 현행 발명진흥법의 문제점은 아래와 같습니다.

민간이 자율적으로 결정하는 구조의 모순

현행 발명진흥법 발의자의 의견은 "개정안은 종업원과 기업이 직무발명보상금의 액수를 산정하는 기준에 대하여 충분히 협의할 수 있는 구조이므로, 노사 공히 이익 되는 방향"이라는 것입니다. 그러나 이 의견은 다음과 같은 점에서 문제가 있습니다.

현행 발명진흥법에 의하면 종업원이 기업과 자율적으로 협의하는 것처럼 보이나, 그 실질(결과적으로 직무발명보상금의 액수 등)은 종업원에게 불리할 것입니다. 종업원은 기업에 취업하기 전에 기업 측과 직무발명보상금에 관하여도 협상을 합니다. 이때 기업이 '보상형태·보상액을 결정하기 위한 기준' 등에 대한 치밀한 규정(종업원에게 불리한 규정일 가능성이 큼)을 미리 준비하여 긴 시간에 걸쳐 설명 내지 설득하는 형식을 취한다면, 취업하고자 하는 종업원은 합의하지 않을 수 없는 상황[57]에 놓여 그 규정을 받아들이게 됩니다. 이러한 경우에도 그 절차는 합리적이라 인정될 가능성이 크며, 현행 발명진흥법 규정에 의거 정당한 보상으로 간주됩니다. 즉 기업은 현재 법원이 인정하는 정도에 못 미치는 수준의 매우 낮은 보상금을 제시하여 종업원으로부터 합의를 끌어낼 수 있습니다.

'정당한 보상' 으로부터 포상금 성격으로의 후퇴

직무발명보상금이란 발명자가 발명에 대한 권리를 기업에 양도한 데 따라 반대급부로서 받는 대가의 성질을 지닙니다. 따라서 보상금의 산정은 절차의 합리성을 우선적 기준으로 할 것이 아니라, 발명에 대하여 기업과 종업원이 실질적으로 기여한 내용(그 발명의 완성에 사용자 등 및 종업원 등이 공헌한 정도)을 먼저 고려해야 합니다. 그러나 현행 발명진흥법은 절차가 합리적이면 정당한 보상으로 간주하고, 절차가 마련되어 있지 않거나 불합리한 경우에만 '그 발명의 완성에 사용자 등 및 종업원 등이 공헌한 정도'를 고려합니다. 현행 발명진흥법은 '실체적 정당성' 보다 '절차적 정당성' 을 우위에 두어 위헌 소지가 있습니다.

현행 발명진흥법에 의하면, '발명을 기업에 양도한 데 따른 정당한 대가' 라고 하는 직무발명보상금의 성격이 '기업이 치밀하게 준비한 보상금 규정에 따른 시혜적 포상금' 으로 바뀌게 됩니다.

현행 발명진흥법의 긍정적 측면

현행 발명진흥법의 직무발명 관련 규정이 존재함으로써 많은 기업들이 직무발명제도를 실시하게 되었습니다. 즉 직무발명제도가 활성화된 측면이 있습니다.

'부정경쟁방지 및 영업비밀보호에 관한 법률'은 아래 정의 규정을 두고 있습니다.

제2조 (정의)

2. '영업비밀'이란 공공연히 알려져 있지 아니하고[58] 독립된 경제적 가치를 가지는 것으로서,[59] 상당한 노력에 의하여 비밀로 유지된[60] 생산방법, 판매방법, 그 밖에 영업활동에 유용한 기술상 또는 경영상의 정보를 말한다.

3. '영업비밀 침해행위'란 다음 각 목의 어느 하나에 해당하는 행위를 말한다.

가. 절취(竊取), 기망(欺罔), 협박, 그 밖의 부정한 수단으로 영업비밀을 취득하는 행위(이하 '부정취득행위'라 한다) 또는 그 취득한 영업비밀을 사용하거나 공개(비밀을 유지하면서 특정인에게 알리는 것을 포함한다. 이하 같다)하는 행위

　'부정경쟁방지 및 영업비밀보호에 관한 법률'은 기업의 영업비밀을 보호하기 위한 법으로 오늘날 매우 중요한 법률 중 하나입니다. 그런데 아래와 같은 점에서 위 법률과 직무발명제도 간에 부조화가 있다고 봅니다.

　과학기술자들은 대부분 팀을 이루어 공동으로 연구개발을 하고 그 결과물을 창출하는데, 그 결과물이 발명, 즉 직무발명인 경우를 설정합니다. 이 직무발명은 발명의 성립 전 혹은 성립 후 일정한 시점에 영업비밀로서 성립하겠지요. 발명의 성립 전에 영업비밀의 세 요건(비공지성, 독립적 경제성, 비밀관리성 등)을 갖추면 영업비밀의 소유권자는 기업이 되나, 추후에 이 영업비밀이 발전하여 발명이 되면 발명에 대한 최초권리자는 발명자주의에 의해 발명자인 종업원이 됩니다. 시점에 따라 권리자가 상호 충돌하죠.

　또한 공동연구개발로 완성된 결과물은 영업비밀로서 성립합니다. 그런데 그 영업비밀 중의 일부분이 연구자 개인의 성과이자 발명으로서 성립하는 경우, 이 발명만은 종업원의 것이 됩니다. 기술의 전체와 부분별로 권리자가 상호 충돌합니다.

　직무발명은 '기초 사상+중간적 사상'을 기초로 하여 하나의 기술적 사상을 이루고, 사상들 중 상당 부분은 표현 가능하므로 실험 노트, 도면 등의 형태로 보관하게 됩니다. 과학기술자는 타 직종 종사자와 달리 자신의 두뇌만 이전하여서는 실력을 재현하기가 사실상 불가능합니다. 과학기술자는 자신이 익힌 기술의 기록물을 지참하여야만 자신의 기술을 더욱 발전시킬 수 있어 본능적으로 자료 수집을 하게 됩니다. 그런데 법률은 과학기술자가 자신의 기술의 기록물을 지참하는 것을 '부정취득행위' 등으로 처벌할 수 있게 규정한 것으로 판단됩니다. 과학기술자가 자신의 기술내용의 복사물을 소지만 하여도 위법이라 함은, 과학기술자의 창의력을 가로막는 장애물이라 봅니다. 더욱이 이러한 점은 발명자주의 원칙과도 부합하지 않으므로 개정이 필요합니다.

다만 해당 과학기술자 자신의 기술과 타인의 기술을 구분하여야 하며, 자신의 기술에 대하여만 대상물을 복사취득 내지 보관할 수 있도록 함이 좋겠습니다. "회사에서만 접근 가능하게 하고, 개인적으로는 가져가지 못하게 함이 옳다."라는 일부 견해가 있습니다. 그러나 개인적으로 가져갈 수 있되 그것을 그대로 실시하여서는 아니 되고, 개량기술·신기술 등의 개발을 위한 기초자료로서 사용하는 것은 허용되어야 할 것입니다.

'산업기술의 유출방지 및 보호에 관한 법률'은 직무발명
제도와 어떤 관계인지요?

'산업기술의 유출방지 및 보호에 관한 법률' (이하 '기술유출방지법'
이라 약칭)은 다음의 규정들을 두고 있습니다.

제2조 (정의)

1. '산업기술' 이라 함은 제품 또는 용역의 개발 · 생산 · 보급 및
   사용에 필요한 제반 방법 내지 기술상의 정보 중에서 관계 중
   앙행정기관의 장이 소관 분야의 산업경쟁력 제고 등을 위하여
   법령이 규정한 바에 따라 지정 또는 고시 · 공고하는 기술로서
   다음 각 목의 어느 하나에 해당하는 것을 말한다.

   가. 국내에서 개발된 독창적인 기술로서 선진국 수준과 동등 또
   는 우수하고 산업화가 가능한 기술

   나. 기존제품의 원가절감이나 성능 또는 품질을 현저하게 개선시
   킬 수 있는 기술

   다. 기술적 · 경제적 파급효과가 커서 국가기술력 향상과 대외경

쟁력 강화에 이바지할 수 있는 기술

라. 가목 내지 다목의 산업기술을 응용 또는 활용하는 기술

2. '국가핵심기술'이라 함은 국내외 시장에서 차지하는 기술
적·경제적 가치가 높거나 관련 산업의 성장잠재력이 높아 해
외로 유출될 경우에 국가의 안전보장 및 국민경제의 발전에
중대한 악영향을 줄 우려가 있는 산업기술로서 제9조의 규정
에 따라 지정된 산업기술을 말한다.

제9조 (국가핵심기술의 지정·변경 및 해제 등)

① 지식경제부장관은 관계중앙행정기관의 장으로부터 그 소관의
국가핵심기술로 지정되어야 할 대상기술(이하 이 조에서 '지정대
상기술'이라 한다)을 통보받아 위원회의 심의를 거쳐 국가핵심기
술로 지정할 수 있다.

제14조 (산업기술의 유출 및 침해행위 금지)

누구든지 다음 각 호의 어느 하나에 해당하는 행위를 하여서는
아니 된다.

1. 절취·기망·협박 그 밖의 부정한 방법으로 대상기관의 산업기
술을 취득하는 행위[61] 또는 그 취득한 산업기술을 사용하거나
공개(비밀을 유지하면서 특정인에게 알리는 것을 포함한다. 이하 같
다)하는 행위

기술유출방지법은 특정 기술을 유출하는 자에 대하여 처벌하는
규정을 두고 있고, 최근 국가정보원과 검찰은 기술유출 문제를 상당
히 비중 있게 다루고 있습니다. 기술유출을 하는 자를 규제하는 방

향은 옳다고 보나, 기술유출방지법에는 과학기술자의 권리(대한민국 헌법 제22조 제2항은 "과학기술자의 권리는 법률로써 보호한다."고 규정) 와 관련하여 아래와 같은 문제점이 있습니다.

우선 기술유출방지법은 '부정경쟁방지 및 영업비밀보호에 관한 법률'의 특별법으로서, 위 문 57에서 본 부조화의 점을 지적할 수 있습니다. 즉 기술유출의 대상 기술이 과학기술자 자신의 창의력의 결과물일 때, 자신이 그 기록물을 소지할 수 없다면 과학기술자의 창의력에 장애가 될 것입니다.

다음으로 기술유출방지법의 저변에는 과학기술자에 대한 부정적인 시각과 함께 통제의 의지가 있는 것으로 보여 과학기술자의 사기를 떨어뜨리고 과학기술자의 연구개발 활동을 위축시킬 수 있습니다. 헌법 제22조 제2항의 위 규정은 과학기술자의 창의성을 발양하기 위한 법률이 필요하다는 원칙을 규정한 것인데, 이러한 원칙에 부합하도록 기술유출방지법을 개정해야 할 것입니다.

한국경제의 진흥이 필요합니다. 주요한 경제 주체인 기업과 근로자 모두에게 새로운 동력 내지 동기를 부여할 수 있는 방법으로 직무발명제도를 활용하는 것이 가능한지요?

가능합니다. '직무발명보상제도' 가 활성화되면 발명자는 사기가 진작되어 훌륭한 발명을 하게 되고, 이것이 기업의 큰 발전으로 이어져 다시 발명자가 더욱 큰 발명을 하게 되는 선순환구조를 이룹니다. 아래에서 상세히 살펴봅니다.

우리나라의 집단적 노사관계는 근로자 측의 집단적 교섭력에 의하여 일률적으로 모든 근로자의 임금 등이 상승하는 구조입니다. 개인 근로자의 능력이 무시된 채 사회주의적 분배 구조를 이루었습니다. 이러한 구조는 기업의 인건비 부담 가중, 파업에 의한 손실 등으로 연결되어 기업하기 어려운 환경이 조성되었습니다.

직무발명 양도의 대가를 인정하는 것은, 근로자 개개인의 창의력과 생산성을 평가하여 이를 인정하는 제도로서, 헌법 119조 제1항 "대한민국의 경제질서는 개인과 기업의 경제상의 자유와 창의를 존중함을 기본으로 한다."는 원칙에 부합합니다.

근로자 개개인의 창의력과 생산성에 대한 평가, 보상을 모든 근로자에게 응용·확장하면, 근로자 개개인의 동기를 유발하고 기업은 투쟁주의가 지배하는 노동운동의 압박으로부터 벗어나게 되어 한국 경제가 발전할 것입니다. (노동운동은 투쟁주의를 벗어나 새로운 방향으로 나아가야 할 것이다. 그리고 노동조합은 조합원 개인의 창의력 등에 대하여 보다 큰 관심을 기울일 필요가 있다.)

앞으로 우리나라 경제는 과학기술의 연구개발 분야가 가장 큰 비중을 차지할 것이며, 이 분야 근로자의 창의적 노력과 생산성에 대한 반대급부는 현행의 직무발명보상금제도가 핵심입니다. 현재 발명자들에게만 보상금이 인정되는데 상대적으로 적은 금액이나마 발명지원팀에게도 보상하는 것이 좋을 것입니다.

생산직 근로자는 아이디어 제안 활동(발명의 착상 전까지의 활동)을 하게 되는데, 이에 대한 응분의 평가와 보너스의 지급(생산직 근로자의 제안이 연구직 근로자의 발명으로 연결되어 수익 발생 시, 생산직 근로자에게도 상당한 금액의 보상을 함)이 필요합니다. 생산직 근로자는 생산현장에 직접 근무함으로써 축적된 노하우를 기초로 훌륭한 발명을 할 수 있는 잠재력을 가집니다. 이러한 잠재력을 꽃피워 좋은 발명을 할 수 있게끔 환경을 조성하는 데에 관심을 가져야겠습니다.

그리고 사무직과 영업직 근로자에게는 일반적인 생산성 내지 실적 평가를 통하여 보너스를 지급하는 것이 좋겠습니다.

직무발명보상제도와 그 응용·확장은 '인간 개인의 능력을 중시하고 이를 정당하게 평가해주는 시스템을 구축하여, 근로자 개인의 창의력과 생산성을 향상시킴으로써 기업과 근로자 모두가 이익 되는 방법'이 될 것입니다.

'산업발전을 위해서' 입니다. 일본 나카무라 슈지-니치아화학공업 사건은 원고 나카무라 슈지가 2심 화해권고안을 수용하여 사건이 종결되었습니다. 나카무라 측은 2심 화해권고안을 수용하면서 아래 성명서를 발표했지요. "나카무라 재판의 목적은 '발명보상금을 포상금 성격으로부터 발명의 양도대가로 바꾸고 싶다. 그렇게 하여 기술자, 연구자의 눈빛이 달라지게 하고 싶다. 눈빛이 달라진 기술자가 부를 낳는 발명을 함으로써 산업이 진흥되어 일본이 풍요로워지도록 만들고 싶다'는 것이었습니다. 나카무라 교수는 2만 엔에서 8.4억 엔(이자 포함)까지 증대시켰습니다. ……나카무라 교수는 이 '직무발명의 양도대가' 문제의 바통을 후속주자(즉 한 사람 한 사람의 기술자)에게 물려주고 본래 연구개발의 세계로 돌아갑니다."[62]

기업은 보다 거시적 안목으로 발명자에게 '적정한 보상'을 해야 하고, 종업원은 보다 열심히 연구개발에 매진하여야 할 것입니다. 기업이 직무발명에 대해 정당한 보상을 하는 등 발명자에게 좋은 처우를 하고, 이것이 종업원의 훌륭한 발명으로 다시 이어지면, 기업과 기술자 모두가 풍요롭게 되고, 궁극적으로 우리나라의 산업이 발전할 것입니다. 바로 이것이 직무발명에 대한 보상 제도를 두는 이유입니다.

적정한 보상금액 결정의 곤란성과 가능성

'적정한 보상'은 기업이 발명자에게 보상금을 일방적으로 많이 지급할 것을 의미하지 않는다. 적정한 보상금액은 노사 모두의 만족과 화합을 가져올 수 있어야 한다. 적정한 보상금액을 결정하는 것은 매우 어렵고 복잡한 문제이므로 깊은 고민이 필요하다.

노사 간에 서로 자신이 손해를 본다는 인식(이는 제로섬 게임이라는 인식 때문임-'노사대립구조')을 갖는 한, '적정한 보상'이 얼마인가의 문제는 풀리지 않을 것이다. 장기표는 《신문명 국가비전》(밀알, 2007)에서 "오늘날의 정보문명시대에는, 과학기술의 발달로 사회적 생산력이 비약적으로 커져 기존 노사대립구조를 깨뜨릴 수 있고, 전국민적 복지국가로 나아갈 수 있다."고 하였다. 이러한 구조가 되면 '노사상생'이 가능할 것이고, '적정한 보상'이 얼마인가의 문제도 풀릴 수 있을 것이다.

직무발명 관련 대한민국 법령

1. 대한민국헌법

2. 발명진흥법

3. 특허법

4. 근로자참여 및 협력증진에 관한 법률

5. 국민제안규정

6. 공무원 직무발명의 처분·관리 및 보상 등에 관한 규정

1. 대한민국헌법

[헌법 제10호 전부개정 1987. 10. 29]

유구한 역사와 전통에 빛나는 우리 대한국민은 3·1운동으로 건립된 대한민국임시정부의 법통과 불의에 항거한 4·19민주이념을 계승하고, 조국의 민주개혁과 평화적 통일의 사명에 입각하여 정의·인도와 동포애로써 민족의 단결을 공고히 하고, 모든 사회적 폐습과 불의를 타파하며, 자율과 조화를 바탕으로 자유민주적 기본질서를 더욱 확고히 하여 정치·경제·사회·문화의 모든 영역에 있어서 각인의 기회를 균등히 하고, 능력을 최고도로 발휘하게 하며, 자유와 권리에 따르는 책임과 의무를 완수하게 하여, 안으로는 국민생활의 균등한 향상을 기하고 밖으로는 항구적인 세계평화와 인류공영에 이바지함으로써 우리들과 우리들의 자손의 안전과 자유와 행복을 영원히 확보할 것을 다짐하면서 1948년 7월 12일에 제정되고 8차에 걸쳐 개정된 헌법을 이제 국회의 의결을 거쳐 국민투표에 의하여 개정한다.

제1장 총강

제1조 ① 대한민국은 민주공화국이다.
　② 대한민국의 주권은 국민에게 있고, 모든 권력은 국민으로부터 나온다.

제2장 국민의 권리와 의무

제10조 모든 국민은 인간으로서의 존엄과 가치를 가지며, 행복을 추구할 권리를 가진다. 국가는 개인이 가지는 불가침의 기본적 인권을 확인하고 이를 보장할 의무를 진다.

제22조 ① 모든 국민은 학문과 예술의 자유를 가진다.
　② 저작자·발명가·과학기술자와 예술가의 권리는 법률로써 보호한다.

제5장 법원

제101조 ① 사법권은 법관으로 구성된 법원에 속한다.
　② 법원은 최고법원인 대법원과 각급법원으로 조직된다.
　③ 법관의 자격은 법률로 정한다.

제102조 ① 대법원에 부를 둘 수 있다.

　② 대법원에 대법관을 둔다. 다만, 법률이 정하는 바에 의하여 대법관이 아닌 법관을 둘 수 있다.

　③ 대법원과 각급법원의 조직은 법률로 정한다.

제103조 법관은 헌법과 법률에 의하여 그 양심에 따라 독립하여 심판한다.

제104조 ① 대법원장은 국회의 동의를 얻어 대통령이 임명한다.

　② 대법관은 대법원장의 제청으로 국회의 동의를 얻어 대통령이 임명한다.

　③ 대법원장과 대법관이 아닌 법관은 대법관회의의 동의를 얻어 대법원장이 임명한다.

제105조 ① 대법원장의 임기는 6년으로 하며, 중임할 수 없다.

　② 대법관의 임기는 6년으로 하며, 법률이 정하는 바에 의하여 연임할 수 있다.

　③ 대법원장과 대법관이 아닌 법관의 임기는 10년으로 하며, 법률이 정하는 바에 의하여 연임할 수 있다.

　④ 법관의 정년은 법률로 정한다.

제106조 ① 법관은 탄핵 또는 금고 이상의 형의 선고에 의하지 아니하고는 파면되지 아니하며, 징계처분에 의하지 아니하고는 정

직·감봉 기타 불리한 처분을 받지 아니한다.

② 법관이 중대한 심신상의 장해로 직무를 수행할 수 없을 때에는 법률이 정하는 바에 의하여 퇴직하게 할 수 있다.

제107조 ① 법률이 헌법에 위반되는 여부가 재판의 전제가 된 경우에는 법원은 헌법재판소에 제청하여 그 심판에 의하여 재판한다.

② 명령·규칙 또는 처분이 헌법이나 법률에 위반되는 여부가 재판의 전제가 된 경우에는 대법원은 이를 최종적으로 심사할 권한을 가진다.

③ 재판의 전심절차로서 행정심판을 할 수 있다. 행정심판의 절차는 법률로 정하되, 사법절차가 준용되어야 한다.

제108조 대법원은 법률에 저촉되지 아니하는 범위안에서 소송에 관한 절차, 법원의 내부규율과 사무처리에 관한 규칙을 제정할 수 있다.

제109조 재판의 심리와 판결은 공개한다. 다만, 심리는 국가의 안전보장 또는 안녕질서를 방해하거나 선량한 풍속을 해할 염려가 있을 때에는 법원의 결정으로 공개하지 아니할 수 있다.

제110조 ① 군사재판을 관할하기 위하여 특별법원으로서 군사법원을 둘 수 있다.

② 군사법원의 상고심은 대법원에서 관할한다.

③ 군사법원의 조직·권한 및 재판관의 자격은 법률로 정한다.

④ 비상계엄하의 군사재판은 군인·군무원의 범죄나 군사에 관한 간첩죄의 경우와 초병·초소·유독음식물공급·포로에 관한 죄 중 법률이 정한 경우에 한하여 단심으로 할 수 있다. 다만, 사형을 선고한 경우에는 그러하지 아니하다.

제6장 헌법재판소

제111조 ① 헌법재판소는 다음 사항을 관장한다.

1. 법원의 제청에 의한 법률의 위헌여부 심판

2. 탄핵의 심판

3. 정당의 해산 심판

4. 국가기관 상호간, 국가기관과 지방자치단체간 및 지방자치단체 상호간의 권한쟁의에 관한 심판

5. 법률이 정하는 헌법소원에 관한 심판

② 헌법재판소는 법관의 자격을 가진 9인의 재판관으로 구성하며, 재판관은 대통령이 임명한다.

③ 제2항의 재판관 중 3인은 국회에서 선출하는 자를, 3인은 대법원장이 지명하는 자를 임명한다.

④ 헌법재판소의 장은 국회의 동의를 얻어 재판관 중에서 대통령이 임명한다.

제112조 ① 헌법재판소 재판관의 임기는 6년으로 하며, 법률이 정하는 바에 의하여 연임할 수 있다.

② 헌법재판소 재판관은 정당에 가입하거나 정치에 관여할 수 없다.

③ 헌법재판소 재판관은 탄핵 또는 금고 이상의 형의 선고에 의하지 아니하고는 파면되지 아니한다.

제113조 ① 헌법재판소에서 법률의 위헌결정, 탄핵의 결정, 정당해산의 결정 또는 헌법소원에 관한 인용결정을 할 때에는 재판관 6인 이상의 찬성이 있어야 한다.

② 헌법재판소는 법률에 저촉되지 아니하는 범위 안에서 심판에 관한 절차, 내부규율과 사무처리에 관한 규칙을 제정할 수 있다.

③ 헌법재판소의 조직과 운영 기타 필요한 사항은 법률로 정한다.

제9장 경제

제119조 ① 대한민국의 경제질서는 개인과 기업의 경제상의 자유와 창의를 존중함을 기본으로 한다.

② 국가는 균형있는 국민경제의 성장 및 안정과 적정한 소득의 분배를 유지하고, 시장의 지배와 경제력의 남용을 방지하며, 경제주체간의 조화를 통한 경제의 민주화를 위하여 경제에 관한 규제와 조정을 할 수 있다.

제127조 ① 국가는 과학기술의 혁신과 정보 및 인력의 개발을 통하여 국민경제의 발전에 노력하여야 한다.

② 국가는 국가표준제도를 확립한다.

③ 대통령은 제1항의 목적을 달성하기 위하여 필요한 자문기구를
둘 수 있다.

2. 발명진흥법

[시행 2010. 12. 9, 법률 제10357호, 2010. 6. 8, 일부개정]

제1장 총칙

제1조(목적) 이 법은 발명을 장려하고 발명의 신속하고 효율적인 권리화와 사업화를 촉진함으로써 산업의 기술 경쟁력을 높이고 나아가 국민경제 발전에 이바지함을 목적으로 한다.

제2조(정의) 이 법에서 사용하는 용어의 뜻은 다음과 같다. 〈개정 2010. 1. 27, 2010. 6. 8〉

1. "발명"이란 「특허법」·「실용신안법」 또는 「디자인보호법」에 따라 보호 대상이 되는 발명, 고안 및 창작을 말한다.
2. "직무발명"이란 종업원, 법인의 임원 또는 공무원(이하 "종업원등"이라 한다)이 그 직무에 관하여 발명한 것이 성질상 사용

자·법인 또는 국가나 지방자치단체(이하 "사용자등"이라 한다)의 업무 범위에 속하고 그 발명을 하게 된 행위가 종업원등의 현재 또는 과거의 직무에 속하는 발명을 말한다.

3. "개인발명가"란 직무발명 외의 발명을 한 자를 말한다.

4. "산업재산권"이란 「특허법」·「실용신안법」·「디자인보호법」또는 「상표법」에 따라 등록된 특허권, 실용신안권, 디자인권 및 상표권을 말한다.

5. "특허관리전담부서"란 사용자등에서 산업재산권에 관한 기획, 조사 및 관리 등의 업무를 담당하는 부서를 말한다.

5의2. "공익변리사"란 제26조의2에 따라 설치된 공익변리사 특허 상담센터에서 업무를 수행하는 변리사를 말한다.

6. "산업재산권진단"이란 개인발명가 또는 사용자등의 발명에 대한 종합적인 분석을 실시하여 그 발명의 연구개발의 방향 또는 기술도입의 추진 방법 등을 제시하는 것을 말한다.

7. "산업재산권 정보"란 산업재산권의 권리화 과정 또는 산업재산권에 대한 조사·분석 등의 과정에서 생성되는 자료를 말한다.

8. "산업재산권 정보산업"이란 산업재산권 정보를 수집·분석 또는 가공하여 새로운 재화나 서비스를 창출하는 산업을 말한다.

제3조(발명진흥종합시책) ① 정부는 매년 발명의 진흥을 위한 종합시책(이하 "발명진흥종합시책"이라 한다)을 수립·시행하여야 한다.
② 제1항의 발명진흥종합시책에는 다음 각 호의 사항이 포함되어야 한다.

1. 국민의 발명에 대한 인식의 향상

2. 발명 활동의 진작과 발명 성과의 권리화 촉진

3. 우수 발명의 이전 알선과 사업화 촉진

4. 그 밖에 발명진흥을 위하여 필요한 사항

제4조(발명장려보조금의 지급 등) ① 정부는 발명 장려를 위하여 예산의 범위에서 다음 각 호의 어느 하나에 해당하는 자에게 보조금을 지급할 수 있다.

1. 발명자와 그 승계인(承繼人)

2. 발명의 연구나 장려사업을 수행하는 개인 또는 단체

② 제1항에 따른 보조금의 지급대상, 교부신청 및 관리 등에 필요한 사항은 대통령령으로 정한다.

제5조(발명의 날) 정부는 국민에게 발명의 중요성을 인식시키고 발명 의욕을 북돋우기 위하여 매년 5월 19일을 발명의 날로 정하고 발명진흥을 위한 기념행사를 개최한다.

제2장 발명의 진흥
제2절 직무발명의 활성화

제10조(직무발명) ① 직무발명에 대하여 종업원등이 특허, 실용신안등록, 디자인등록(이하 "특허등"이라 한다)을 받았거나 특허등을 받을 수 있는 권리를 승계한 자가 특허등을 받으면 사용자등은 그

특허권, 실용신안권, 디자인권(이하 "특허권등"이라 한다)에 대하여 통상실시권(通常實施權)을 가진다.

② 제1항에도 불구하고 공무원의 직무발명에 대한 권리는 국가나 지방자치단체가 승계하며, 국가나 지방자치단체가 승계한 공무원의 직무발명에 대한 특허권등은 국유나 공유로 한다. 다만, 「고등교육법」 제3조에 따른 국·공립학교(이하 "국·공립학교"라 한다) 교직원의 직무발명에 대한 권리는 「기술의 이전 및 사업화 촉진에 관한 법률」 제11조제1항 후단에 따른 전담조직(이하 "전담조직"이라 한다)이 승계하며, 전담조직이 승계한 국·공립학교 교직원의 직무발명에 대한 특허권등은 그 전담조직의 소유로 한다.

③ 직무발명 외의 종업원등의 발명에 대하여 미리 사용자등에게 특허등을 받을 수 있는 권리나 특허권등을 승계시키거나 사용자등을 위하여 전용실시권(專用實施權)을 설정하도록 하는 계약이나 근무규정의 조항은 무효로 한다.

④ 제2항에 따라 국유로 된 특허권등의 처분과 관리(특허권등의 포기를 포함한다)는 「국유재산법」 제8조에도 불구하고 특허청장이 이를 관장하며, 그 처분과 관리에 필요한 사항은 대통령령으로 정한다. 〈개정 2009. 1. 30, 2010. 1. 27〉

제11조(직무발명보상제도의 실시와 지원시책) ① 정부는 종업원등의 직무발명을 장려하기 위하여 직무발명보상제도 등의 실시에 관한 지원시책을 수립·시행하여야 한다.

② 제1항에 따른 지원시책에는 다음 각 호의 내용이 포함되어야

한다.

1. 표준이 되는 보상규정의 작성 및 보급

2. 보상과 관련된 분쟁을 해결하기 위한 합리적인 절차규정의 작성 및 보급

③ 정부는 직무발명에 대한 보상을 실시하는 사용자등에 대하여는 제3장과 제4장에 따른 발명의 권리화와 사업화를 촉진하기 위한 조치를 먼저 하여야 한다.

제12조(직무발명 완성사실의 통지) 종업원등이 직무발명을 완성한 경우에는 지체 없이 그 사실을 사용자등에게 문서로 알려야 한다. 2명 이상의 종업원등이 공동으로 직무발명을 완성한 경우에는 공동으로 알려야 한다.

제13조(승계 여부의 통지) ① 제12조에 따라 통지를 받은 사용자등(국가나 지방자치단체는 제외한다)은 대통령령으로 정하는 기간에 그 발명에 대한 권리의 승계 여부를 종업원등에게 문서로 알려야 한다. 다만, 미리 사용자등에게 특허등을 받을 수 있는 권리나 특허권등을 승계시키거나 사용자등을 위하여 전용실시권을 설정하도록 하는 계약이나 근무규정이 없는 경우에는 사용자등이 종업원등의 의사와 다르게 그 발명에 대한 권리의 승계를 주장할 수 없다.

② 제1항에 따른 기간에 사용자등이 그 발명에 대한 권리의 승계 의사를 알린 때에는 그때부터 그 발명에 대한 권리는 사용자등에

게 승계된 것으로 본다.

③ 사용자등이 제1항에 따른 기간에 승계 여부를 알리지 아니한 경우에는 사용자등은 그 발명에 대한 권리의 승계를 포기한 것으로 본다. 이 경우 사용자등은 제10조제1항에도 불구하고 그 발명을 한 종업원등의 동의를 받지 아니하고는 통상실시권을 가질 수 없다.

제14조(공동발명에 대한 권리의 승계) 종업원등의 직무발명이 제삼자와 공동으로 행하여진 경우 계약이나 근무규정에 따라 사용자등이 그 발명에 대한 권리를 승계하면 사용자등은 그 발명에 대하여 종업원등이 가지는 권리의 지분을 갖는다.

제15조(직무발명에 대한 보상) ① 종업원등은 직무발명에 대하여 특허등을 받을 수 있는 권리나 특허권등을 계약이나 근무규정에 따라 사용자등에게 승계하게 하거나 전용실시권을 설정한 경우에는 정당한 보상을 받을 권리를 가진다.

② 제1항에 따른 보상에 대하여 계약이나 근무규정에서 정하고 있는 경우 그에 따른 보상이 다음 각 호의 상황 등을 고려하여 합리적인 것으로 인정되면 정당한 보상으로 본다.

1. 보상형태와 보상액을 결정하기 위한 기준을 정할 때 사용자등과 종업원등 사이에 행하여진 협의의 상황

2. 책정된 보상기준의 공표·게시 등 종업원등에 대한 보상기준의 제시 상황

3. 보상형태와 보상액을 결정할 때 종업원등으로부터의 의견 청

취 상황

③ 제1항에 따른 보상에 대하여 계약이나 근무규정에서 정하고 있지 아니하거나 제2항에 따른 정당한 보상으로 볼 수 없는 경우 그 보상액을 결정할 때에는 그 발명에 의하여 사용자등이 얻을 이익과 그 발명의 완성에 사용자등과 종업원등이 공헌한 정도를 고려하여야 한다.

④ 공무원의 직무발명에 대하여 제10조제2항에 따라 국가나 지방자치단체가 그 권리를 승계한 경우에는 정당한 보상을 하여야 한다. 이 경우 보상금의 지급에 필요한 사항은 대통령령이나 조례로 정한다.

제16조(출원 유보시의 보상) 사용자등은 직무발명에 대한 권리를 승계한 후 출원(出願)하지 아니하거나 출원을 포기 또는 취하하는 경우에도 제15조에 따라 정당한 보상을 하여야 한다. 이 경우 그 발명에 대한 보상액을 결정할 때에는 그 발명이 산업재산권으로 보호되었더라면 종업원등이 받을 수 있었던 경제적 이익을 고려하여야 한다.

제17조(직무발명 심의기구) ① 사용자등은 종업원등의 직무발명에 관한 다음 각 호의 사항을 심의하기 위하여 직무발명 심의기구를 설치·운영할 수 있다.

1. 직무발명에 관한 규정의 제정·개정 및 운용에 관한 사항

2. 직무발명 보상에 관한 종업원등과 사용자등의 이견 조정에 관

한 사항

3. 그 밖에 직무발명과 관련하여 필요한 사항

② 제1항에 따른 직무발명 심의기구는 사용자등과 종업원등의 대표, 제26조에 따른 특허관리전담부서의 장 등으로 구성하며, 필요한 경우에는 관련 분야의 전문가를 자문위원으로 위촉할 수 있다.

제18조(직무발명 관련 분쟁) 직무발명과 관련하여 분쟁이 발생하는 경우 사용자등이나 종업원등은 제41조에 따른 산업재산권분쟁조정위원회에 조정을 신청할 수 있다.

제19조(비밀유지의 의무) 종업원등은 사용자등이 직무발명을 출원할 때까지 그 발명의 내용에 관한 비밀을 유지하여야 한다. 다만, 사용자등이 승계하지 아니하기로 확정된 경우에는 그러하지 아니하다.

제3절 산업재산권 정보의 제공 및 활용 촉진 〈개정 2010. 1. 27〉

제20조(산업재산권 정보화추진계획의 수립 등) ① 특허청장은 연구개발의 효율성을 높이고 연구개발 성과의 신속한 권리화를 지원하기 위하여 산업재산권 정보화추진계획(이하 "추진계획"이라 한다)을 수립·시행하여야 한다.

② 추진계획에는 다음 각 호의 사항이 포함되어야 한다.

1. 산업재산권 정보의 생산 및 관리

2. 산업재산권 정보의 제공 및 활용 촉진

3. 산업재산권 정보산업 육성

4. 산업재산권 정보에 관한 국제협력

5. 그 밖에 산업재산권 정보화에 관련된 사항

③ 특허청장은 추진계획의 원활한 시행을 위하여 매년 산업재산권 정보화시행계획(이하 "시행계획"이라 한다)을 수립·시행하여야 한다.

④ 시행계획의 수립 및 시행에 필요한 사항은 대통령령으로 정한다.

[전문개정 2010. 1. 27]

제20조의2(산업재산권 정보의 제공) ① 특허청장은 산업재산권 정보산업에 종사하는 자 등이 신청하면 「특허법」 등 관련 법령이 허용하는 범위에서 산업재산권 정보를 제공할 수 있다. 이 경우 대통령령으로 정하는 바에 따라 「공공기관의 개인정보보호에 관한 법률」에 따른 개인정보의 제공을 제한할 수 있다.

② 특허청장은 제1항에 따른 신청인에게 대통령령으로 정하는 바에 따라 수수료를 받을 수 있다.

[본조신설 2010. 1. 27]

제20조의3(산업재산권 정보의 제공 등에 관한 업무 수행) 특허청장은 대통령령으로 정하는 바에 따라 관련 전문기관 또는 단체를 지정하여 제20조제2항제2호에 따른 산업재산권 정보의 제공 및 활용 촉진에 관한 업무를 하게 할 수 있다. 이 경우 그 업무에 필요한 비용의 전부 또는 일부를 지원할 수 있다.

[본조신설 2010. 1. 27]

제20조의4(산업재산권 정보화 연구개발의 지원) ① 정부는 산업재산권 정보의 제공 및 활용과 관련된 기술 및 소프트웨어에 대한 연구개발을 촉진할 수 있도록 노력하여야 한다.

② 정부는 제1항에 따른 연구개발을 수행하는 자에게 그 사용되는 자금의 전부 또는 일부를 지원할 수 있다.

[본조신설 2010. 1. 27]

제20조의5(연구개발 성과의 민간 이전) 정부는 제20조의4에 따라 수행된 연구개발 성과(연구개발 결과물 및 연구개발을 수행하는 과정에서 투입되거나 생성된 연구기자재·재료·물품 등을 말한다)가 민간부문에 원활히 이전될 수 있도록 노력하여야 한다.

[본조신설 2010. 1. 27]

제20조의6(산업재산권 정보산업 진흥 활동) 정부는 산업재산권 정보산업에 대한 국민의 인식을 높이고 창업의 활성화 등을 위하여 다음 각 호의 사업을 할 수 있다.

1. 산업재산권 정보산업의 창업 및 진흥에 관한 행사의 개최
2. 창업사례 및 우수 산업재산권 정보 관련 사업자의 발굴 및 포상
3. 창업박람회 개최 및 우수 기술·소프트웨어에 대한 전시회 개최
4. 그 밖에 산업재산권 정보산업의 창업 및 진흥에 필요한 사항

[본조신설 2010. 1. 27]

제20조의7(산업재산권 정보산업의 경쟁력 강화) ① 정부는 산업재산권 정보산업의 경쟁력 강화를 위하여 다음 각 호의 사업을 할 수 있다.

1. 산업재산권 정보산업에 종사하는 자의 자질 향상을 위한 교육
2. 산업재산권 정보산업의 해외 진출에 필요한 전문인력의 양성 및 지원
3. 그 밖에 산업재산권 정보산업의 전문성을 제고하기 위하여 필요하다고 인정하는 사업

② 정부는 대통령령으로 정하는 바에 따라 관련 전문기관 또는 단체를 정하여 제1항 각 호의 사업을 하게 할 수 있다. 이 경우 그 사업에 필요한 비용의 전부 또는 일부를 지원할 수 있다.

[본조신설 2010. 1. 27]

제21조(특허기술정보센터) ① 산업재산권과 관련된 선행기술(先行技術) 정보자료를 효율적으로 보급하기 위하여 특허기술정보센터를 둘 수 있다. 〈개정 2010. 1. 27〉

② 제1항에 따른 특허기술정보센터(이하 "특허기술정보센터"라 한다)는 다음 각 호의 사업을 한다. 〈개정 2010. 1. 27〉

1. 선행기술연구를 위한 시설 또는 설비의 제공
2. 선행기술정보의 분석 및 제공
3. 외부 용역에 따른 선행기술의 검색
4. 그 밖에 선행기술정보자료의 보급에 관한 사업

③ 특허기술정보센터를 설립하려는 자는 특허청장에게 등록하여

야 한다. 〈개정 2010. 1. 27〉

④ 제3항에 따라 특허기술정보센터로 등록하려는 자는 제2항에 따른 사업을 수행할 수 있는 법인으로서 대통령령으로 정하는 인력, 시설, 데이터베이스 및 전산장비를 갖추어야 한다.

⑤ 특허기술정보센터는 제2항에 따른 사업 수행에 필요한 자금을 충당하기 위하여 수익사업을 할 수 있다.

⑥ 제3항에 따라 특허기술정보센터로 등록한 자는 매 사업연도가 시작되는 날의 1개월 전까지 그 사업연도의 사업계획서를, 사업연도가 끝난 날부터 3개월 이내에 그 사업연도의 사업실적서를 특허청장에게 제출하여야 한다.

⑦ 특허기술정보센터가 아닌 자는 특허기술정보센터의 명칭을 사용하지 못한다.

⑧ 정부는 특허기술정보센터에 필요한 경비를 예산의 범위에서 출연할 수 있다.

⑨ 제8항에 따른 출연에 필요한 사항은 대통령령으로 정한다.

제22조(특허기술정보센터의 등록말소 등) 특허청장은 특허기술정보센터가 다음 각 호의 어느 하나에 해당하면 그 등록을 말소하거나 6개월 이내의 기간을 정하여 그 업무의 정지를 명할 수 있다. 다만, 제1호에 해당하면 그 등록을 말소하여야 한다.

1. 거짓이나 그 밖의 부정한 방법으로 특허기술정보센터의 등록을 한 경우

2. 제21조제2항에 따른 사업을 수행할 능력을 상실한 경우

3. 제21조제4항에 따른 등록기준에 미달한 경우

4. 제21조제6항에 따른 사업계획서 및 사업실적서를 기간 이내에
   제출하지 아니한 경우

제23조(지역지식재산센터) ① 지역 주민의 발명 의욕을 북돋우고 산
업재산권에 대한 인식을 높이기 위하여 지역별로 지역지식재산센
터를 둘 수 있다.

② 제1항에 따른 지역지식재산센터(이하 "지역지식재산센터"라
한다)는 다음 각 호의 사업을 한다. 〈개정 2010. 1. 27〉

1. 산업재산권 정보의 제공

2. 산업재산권에 관한 상담

3. 산업재산권에 관한 홍보

4. 그 밖에 산업재산권에 관한 지원 사업

③ 지역지식재산센터를 설립하려는 자는 특허청장에게 등록하여
야 한다.

④ 제3항에 따라 지역지식재산센터로 등록하려는 자는 대통령령
으로 정하는 시설, 인력 및 전산장비를 갖추어야 한다. 〈개정
2010. 1. 27〉

⑤ 지역지식재산센터가 아닌 자는 지역지식재산센터의 명칭을 사
용하지 못한다.

⑥ 정부는 예산의 범위에서 지역지식재산센터를 운영하는 데 필
요한 경비를 지원할 수 있다.

⑦ 지역지식재산센터의 사업에 관하여는 제21조제5항 및 제6항

을 준용한다.

⑧ 제3항에 따른 등록 절차 등에 필요한 사항은 대통령령으로 정한다.

제24조(지역지식재산센터의 등록말소 등) 지역지식재산센터의 등록말소 또는 업무정지에 관하여는 제22조를 준용한다. 이 경우 같은 조 제2호 중 "제21조제2항"은 "제23조제2항"으로, 같은 조 제3호 중 "제21조제4항"은 "제23조제4항"으로 본다.

제3장 발명의 권리화 지원

제25조(선행기술 조사) ① 특허청장은 산업재산권의 출원이 있으면 이를 신속·정확하게 심사하고 처리하기 위하여 관련 분야의 국내외의 선행기술에 관하여 종합적으로 조사하는 시책을 수립·시행하여야 한다.

② 제1항에 따른 시책에는 다음 각 호의 사항이 포함되어야 한다.

1. 선행기술정보의 수집·분석

2. 선행기술에 대한 외부 용역 의뢰

3. 그 밖에 선행기술조사에 필요한 사항

제26조(특허관리전담부서 설치) ① 특허청장은 사용자등의 특허관리 능력을 높여 국내외의 산업재산권 분쟁에 효율적으로 대처하고 산업의 경쟁력을 확보하는 데 기여할 수 있도록 특허관리전담부

서의 효율적인 설치와 운영에 필요한 지원시책을 수립·시행하여
야 한다.
② 제1항에 따른 시책에는 다음 각 호의 사항이 포함되어야 한다.
1. 특허관리전담부서 설치에 관한 정보 제공
2. 특허관리전담부서 요원에 대한 산업재산권 교육
3. 그 밖에 특허관리전담부서 설치에 필요한 사항

제26조의2(공익변리사 특허상담센터) ① 특허청장은 사회적 약자에
대한 특허 관련 상담 등 무료 변리서비스를 제공하기 위하여 공익
변리사 특허상담센터(이하 "상담센터"라 한다)를 설치한다.
② 상담센터는 다음 각 호의 업무를 수행한다.
1. 산업재산권의 출원·심사·등록·심판절차와 관련한 상담 및
서류작성 지원
2. 「변리사법」 제2조에 따라 특허청 또는 법원에 대하여 하여야
할 사항의 대리
3. 산업재산권 관련 분쟁조정신청서 검토 및 잠정 합의권고안 작
성 지원
4. 특허분쟁 경영컨설팅 및 법률 자문
5. 산업재산권 관련 설명회의 개최 및 상담
6. 그 밖의 산업재산권 관련 법률서비스 지원 및 대통령령으로 정
하는 상담센터의 운영 목적에 부합하는 업무
③ 상담센터는 다음 각 호의 어느 하나에 해당하는 자를 지원대상
으로 한다.

1. 「국민기초생활 보장법」 제2조제2호에 따른 수급자

2. 「국가유공자 등 예우 및 지원에 관한 법률」 제4조 및 제5조에 따른 국가유공자와 그 유족 및 가족

3. 「장애인복지법」 제32조제1항에 따라 등록된 장애인

4. 「초·중등교육법」 제2조 및 「고등교육법」 제2조에 따른 학교의 재학생(대학원 재학생은 제외한다)

5. 「중소기업기본법」 제2조에 따른 소기업

6. 그 밖에 상담·지원이 특별히 필요하다고 대통령령으로 정하는 자

④ 정부는 예산의 범위에서 상담센터의 운영에 필요한 경비를 지원할 수 있다.

⑤ 특허청장은 상담센터 운영을 대통령령으로 정하는 산업재산권 분야에 전문성이 있는 법인이나 단체에 위탁할 수 있다.

⑥ 상담센터의 구성, 운영, 업무범위 및 절차 등에 필요한 사항은 대통령령으로 정한다.

[본조신설 2010. 6. 8]

제27조(특허관리 비용의 지원) ① 특허청장은 대통령령으로 정하는 바에 따라 개인발명가 또는 종업원등이 연구개발한 발명의 신속한 권리화가 촉진될 수 있도록 출원 및 등록 비용을 줄이기 위하여 필요한 조치를 할 수 있다.

② 특허청장은 각급학교의 학생, 「국민기초생활 보장법」 제5조에 따른 수급권자 및 대통령령으로 정하는 일정 규모 이하의 소기업

에 대하여 우선적으로 제1항에 따른 조치를 할 수 있다.

제4장 발명의 사업화 촉진

제28조(발명의 평가기관 지정 등) ① 특허청장은 산업재산권으로 등록된 발명의 조속한 사업화가 필요하다고 인정되면 그 발명의 평가를 위하여 관계 행정기관의 장과 협의하여 국공립 연구기관, 정부출연연구소, 민간기업연구소 또는 기술성·사업성 평가를 전문적으로 수행하는 기관을 발명에 대한 평가기관으로 지정할 수 있다.
② 제1항에 따른 발명의 평가기관을 지정할 때에는 대통령령으로 정하는 전문인력, 시설, 평가실적 또는 유사업무 경험을 참작하여야 한다.
③ 발명을 사업화하려는 자는 제1항에 따라 지정된 평가기관(이하 "평가기관"이라 한다)에 대하여 발명의 기술성과 사업성에 관한 평가를 요청할 수 있다.
④ 제3항에 따른 평가 요청을 받은 평가기관은 발명을 먼저 분석·평가하고 그 결과를 지체 없이 통보하여야 한다.
⑤ 특허청장은 다음 각 호의 사항에 관하여 평가기관의 장과 협의할 수 있다.
1. 평가대상 기술 및 평가범위
2. 평가기관에 대한 자금 지원 및 평가수수료
3. 평가기관과의 업무협약
⑥ 제1항과 제2항에 따른 지정 절차 등에 필요한 사항은 대통령령

으로 정한다.

제29조(평가기관에 대한 지원) 특허청장은 다음 각 호의 사업을 하는 평가기관에 대하여 예산의 범위에서 그 사업에 드는 비용의 전부 또는 일부를 지원할 수 있다.

1. 발명평가 전문인력의 양성
2. 발명평가 기법의 연구
3. 발명평가에 관련된 정보의 수집 및 제공
4. 그 밖에 발명평가를 위하여 필요한 사항으로서 대통령령으로 정하는 사항

제30조(평가수수료의 지원) 특허청장은 제28조제3항 및 제4항에 따라 평가기관으로부터 발명의 기술성과 사업성을 평가받은 자에 대하여 예산의 범위에서 평가수수료의 전부 또는 일부를 지원할 수 있다.

제31조(평가기관의 지정취소 등) 특허청장은 평가기관이 제1호에 해당하면 그 지정을 취소하여야 하며, 제2호에 해당하면 그 지정을 취소하거나 6개월 이내의 기간을 정하여 그 업무의 정지를 명할 수 있다.

1. 거짓이나 그 밖의 부정한 방법으로 평가기관의 지정을 받은 경우
2. 제28조제2항 및 제3항에 따른 발명의 기술성과 사업성에 대한 평가능력을 상실한 경우

제32조(우수 발명의 사업화 지원) 특허청장은 개인발명가 또는 사용자등의 발명이 제28조제3항에 따라 기술성과 사업성이 우수하다고 인정되면 그 발명의 자금 지원 및 구매 촉진 등 사업화를 지원할 수 있다.

제33조 삭제 〈2009. 3. 18〉

제34조(특허기술사업화알선센터) ① 산업재산권의 사업화를 촉진하기 위한 업무를 행하기 위하여 특허기술사업화알선센터를 둔다.
② 특허기술사업화알선센터는 다음 각 호의 사업을 행한다. 〈개정 2009. 1. 30, 2009. 3. 18〉
1. 발명 관련 기술(이하 "특허기술"이라 한다) 상설시장과 인터넷 특허기술 시장의 운영 등 산업재산권의 양도 또는 매매의 알선
2. 산업재산권의 실시권 허여(許與)의 알선(산업재산권자가 그 권리를 특허기술사업화알선센터에 실시를 허여하고, 특허기술사업화알선센터는 이를 제삼자에게 다시 허여하여 실시하게 하는 경우를 포함한다. 이 경우 그 제삼자로부터 받은 사용료는 산업재산권자와 체결한 계약에서 정한 범위와 절차에 따라 특허기술사업화알선센터가 산업재산권자에게 지급하여야 한다)
3. 산업재산권의 알선·평가와 관련 정보의 수집·분석 및 제공
4. 「산업기술혁신 촉진법」 제38조에 따른 한국산업기술진흥원 등 기술이전 관련 기관과의 연계 체제 구축
5. 그 밖에 특허기술의 사업화 촉진과 특허기술의 알선 사업의 활

성화를 위하여 필요한 사업

③ 정부는 특허기술사업화알선센터의 설립·운영 또는 사업 수행에 필요한 경비의 전부 또는 일부를 출연할 수 있다.

④ 특허기술사업화알선센터의 구성, 기능, 운영, 정부 출연, 그 밖에 필요한 사항은 대통령령으로 정한다.

제35조(시작품의 제작 지원) 정부는 제28조제3항에 따라 기술성과 사업성이 우수하다고 인정된 발명의 시작품(試作品)을 제작하는 데 필요한 자금의 전부 또는 일부를 예산의 범위에서 지원할 수 있다.

제36조(산업재산권진단기관의 지정 등) ① 특허청장은 개인발명가 및 사용자등의 산업재산권 관리 능력을 높이고 연구개발의 중복 투자를 방지하기 위하여 국공립 연구기관, 정부출연연구기관, 민간 연구기관 또는 산업재산권 진단업무를 전문적으로 수행하는 기관을 산업재산권진단기관으로 지정할 수 있다.

② 제1항에 따른 산업재산권진단기관을 지정할 때에는 전문인력, 시설, 진단실적 또는 유사업무 경험 등 대통령령으로 정하는 기준을 고려하여야 한다.

③ 특허청장은 제1항에 따라 지정된 산업재산권진단기관이 개인발명가 또는 사용자등의 신청에 따라 산업재산권진단을 실시한 경우 진단에 지출된 비용의 전부 또는 일부를 예산의 범위에서 지원할 수 있다.

④ 제1항에 따른 지정 절차 등에 필요한 사항은 대통령령으로 정

한다.

제37조(산업재산권진단기관의 지정취소 등) 특허청장은 산업재산권
진단기관이 제1호에 해당하면 그 지정을 취소하여야 하며, 제2호
에 해당하면 그 지정을 취소하거나 6개월 이내의 기간을 정하여
그 업무의 정지를 명할 수 있다.
1. 거짓이나 그 밖의 부정한 방법으로 산업재산권진단기관의 지
정을 받은 경우
2. 산업재산권진단기관이 산업재산권 진단업무를 수행할 능력을
상실한 경우

제38조(각종 규격의 개정 요청) 산업재산권으로 등록된 발명이 기존
규격과 달라 국가, 지방자치단체 또는 「공공기관의 운영에 관한
법률」 제4조에 따른 공공기관 등의 물품 구매 대상에서 제외되는
경우 특허청장은 해당 규격을 관리하는 관계 행정기관의 장에게
그 발명에 따른 제품이 구매 대상에 포함될 수 있도록 관련 규격의
개정이나 보완을 요청할 수 있다. 〈개정 2009. 3. 18〉

제39조(우수 발명품의 우선 구매) 「조달사업에 관한 법률」 제2조제4
호에 따른 수요기관이 물품을 구매하려면 특허청장이 추천하는 중
소기업의 우수 발명품을 먼저 구매할 수 있다. 〈개정 2009. 3. 18〉

제40조(세제 지원) 정부는 「조세특례제한법」에서 정하는 바에 따라

발명의 진흥, 산업재산권의 출원과 등록 또는 산업재산권의 양도
와 실시 등에 따라 생기는 소득이나 비용에 대한 세제상 지원을 할
수 있다.

제5장 산업재산권 분쟁의 조정 및 기술공유 촉진

제41조(산업재산권분쟁조정위원회) ① 산업재산권과 관련된 분쟁(이
하 "분쟁"이라 한다)을 심의 · 조정하기 위하여 산업재산권분쟁조
정위원회(이하 "위원회"라 한다)를 둔다. 〈개정 2010. 6. 8〉
② 위원회는 위원장 1명을 포함한 15명 이상 40명 이하의 조정위
원(이하 "위원"이라 한다)으로 구성한다. 〈개정 2010. 1. 27, 2010.
6. 8〉
③ 위원회의 위원은 다음 각 호의 어느 하나에 해당하는 자 중에서
특허청장이 위촉하며, 위원장은 특허청장이 위원 중에서 지명한
다. 〈개정 2010. 1. 27, 2010. 6. 8〉
1. 특허청 소속 공무원으로서 3급의 직(職)에 있거나 고위공무원
   단에 속하는 공무원인 자
2. 판사 또는 검사의 직에 있는 자
3. 변호사 또는 변리사의 자격이 있는 자
4. 대학에서 부교수 이상의 직에 있는 자
5. 「비영리민간단체 지원법」 제2조에 따른 비영리 민간단체에서
   추천한 자
6. 그 밖에 산업재산권에 관한 학식과 경험이 풍부한 자

④ 위원의 임기는 3년으로 한다. 다만, 제3항제1호 및 제2호에 해당하는 위원의 임기는 해당 직위에 재임하는 기간으로 한다.

⑤ 위원 중 결원이 생기면 제3항에 따라 보궐위원을 위촉하여야 하며, 그 보궐위원의 임기는 전임자의 남은 임기로 한다. 다만, 위원의 수가 15명 이상인 경우에는 보궐위원을 위촉하지 아니할 수 있다.

제41조의2(위원의 제척·기피·회피) ① 위원은 다음 각 호의 어느 하나에 해당하는 경우에는 해당 분쟁조정청구사건(이하 이 조에서 "사건"이라 한다)의 심의·조정에서 제척된다.

1. 위원 또는 그 배우자나 배우자이었던 자가 해당 사건의 당사자가 되거나 해당 사건에 관하여 공동권리자 또는 의무자의 관계에 있는 경우

2. 위원이 해당 사건의 당사자와 친족관계에 있거나 있었던 경우

3. 위원이 해당 사건에 관하여 심사·심판 및 재판에 직접 관여한 경우

4. 위원이 해당 사건에 관하여 당사자의 증인, 감정인 또는 대리인으로서 관여하거나 관여하였던 경우

5. 위원이 해당 사건에 관하여 직접 이해관계를 가진 경우

② 분쟁당사자는 위원에게 심의·조정의 공정을 기대하기 어려운 사정이 있는 경우에는 위원회에 기피신청을 할 수 있다. 이 경우 위원회는 기피신청이 타당하다고 인정하는 때에는 해당 위원에 대하여 기피의 결정을 하여야 한다.

③ 위원이 제1항 또는 제2항의 사유에 해당하는 경우에는 스스로 그 사건의 심의·조정을 회피할 수 있다.

[본조신설 2010. 6. 8]

제42조(조정부) 위원회는 분쟁 조정 업무를 효율적으로 수행하기 위하여 위원회에 3명의 위원으로 구성된 조정부(調停部)를 두되, 조정부의 위원 중 1명은 변호사 또는 변리사의 자격이 있는 자이어야 한다. 〈개정 2010. 6. 8〉

제43조(조정의 신청 등) ① 분쟁의 조정을 받으려는 자는 신청 취지와 원인을 적은 조정신청서를 위원회에 제출하여 조정을 신청할 수 있다. 〈개정 2010. 6. 8〉

② 제1항에 따른 분쟁의 조정은 제42조에 따른 조정부가 행한다.

③ 위원회는 조정신청이 있는 날부터 3개월 이내에 조정을 하여야 한다. 다만, 특별한 사유가 있으면 양 당사자의 동의를 받아 1개월의 범위에서 한 번만 그 기간을 연장할 수 있다. 〈개정 2010. 6. 8〉

④ 제3항에 따른 기간이 지난 경우에는 조정이 성립되지 아니한 것으로 본다.

제43조의2(조정신청을 할 수 있는 자) ① 제43조제1항에 따라 분쟁의 조정을 신청할 수 있는 자는 다음 각 호의 어느 하나에 해당하는 자에 한한다. 다만, 국내에 주소 또는 영업소를 가지지 아니하는 자의 경우에는 국내에 주소 또는 영업소를 둔 대리인을 통하여서만 신청을 할 수 있다.

1. 권리자

2. 실시권자

3. 사용권자

4. 직무발명자

5. 그 밖에 해당 권리의 실시에 직접적인 이해관계가 있는 자

② 제1항에 해당하는 자 중 미성년자, 금치산자, 한정치산자는 법정대리인에 의하여서만 조정을 신청할 수 있다.

[본조신설 2010. 6. 8]

제44조(조정신청의 대상에서 제외되는 사항) 분쟁 중에서 산업재산권의 무효 및 취소 여부, 권리범위의 확인 등에 관한 판단만을 요청하는 사항은 조정신청의 대상이 될 수 없다.

제45조(출석의 요구) ① 위원회는 분쟁의 조정을 위하여 필요하면 당사자, 그 대리인 또는 이해관계인의 출석을 요구하거나 필요한 관계 서류의 제출을 요구할 수 있다. 〈개정 2010. 6. 8〉

② 조정 당사자가 정당한 사유 없이 제1항에 따른 출석의 요구에 따르지 아니하면 조정이 성립되지 아니한 것으로 본다.

제46조(조정의 성립 등) ① 조정은 당사자 사이에 합의된 사항을 조서에 적음으로써 성립된다.

② 제1항에 따른 조서는 재판상 화해와 같은 효력이 있다. 다만, 당사자가 임의로 처분할 수 없는 사항에 관한 것은 그러하지 아니하다.

제46조의2(조정의 거부 및 중지) ① 위원회는 다음 각 호의 어느 하나에 해당하는 경우에는 조정을 거부하거나 중지할 수 있다.

1. 분쟁당사자의 일방이 조정을 거부한 경우
2. 분쟁당사자 중 일방이 법원에 소를 제기하였거나 조정의 신청이 있은 후 법원에 소를 제기한 경우
3. 신청의 내용이 관계 법령 또는 객관적인 자료에 의하여 명백하게 인정되는 등 조정을 할 실익이 없는 것으로서 대통령령으로 정하는 경우

② 위원회는 제1항에 따른 조정 거부 또는 중지의 사유가 발생하는 경우에는 그 사유를 서면으로 분쟁당사자에게 알려야 한다.

[본조신설 2010. 6. 8]

제47조(소멸시효의 중단 등) ① 조정신청은 시효중단의 효력이 있다.
② 조정이 성립되지 아니한 경우에는 그 불성립이 확정된 날부터 1개월 이내에 소(訴)를 제기하지 아니하면 시효중단의 효력이 없다.

제48조(위원회의 구성 등) 위원회의 구성·운영과 분쟁의 조정방법·조정절차 및 조정업무의 처리 등에 필요한 사항은 대통령령으로 정한다.

[전문개정 2010. 6. 8]

제49조(경비 보조) 정부는 예산의 범위에서 위원회를 운영하는 데 필요한 경비를 지원할 수 있다. 〈개정 2010. 6. 8〉

제49조의2(비밀누설의 금지) 위원회 위원 또는 위원이었던 자는 그 직무상 알게 된 산업재산권에 대한 비밀을 누설하여서는 아니 된다. 〈개정 2010. 6. 8〉

제50조(산업재산권의 공유 및 상호사용 촉진) ① 특허청장은 사용자 등이 다른 사용자등과 산업재산권의 공유 또는 공동사용협약을 체결하여 각자 보유하고 있는 산업재산권에 대한 공동소유 또는 통상실시권의 상호허여(이하 "산업재산권의 공유 및 상호사용"이라 한다)를 촉진하기 위하여 필요한 지원시책을 수립·시행하여야 한다.

② 제1항에 따른 지원시책에는 다음 각 호의 사항이 포함되어야 한다.

1. 산업재산권의 공유 및 상호사용에 대한 국내외 정보 제공
2. 산업재산권의 공유 및 상호사용의 촉진을 위한 설명회 개최
3. 그 밖에 산업재산권의 공유 및 상호사용의 촉진에 필요한 사항

③ 특허청장은 제1항에 따라 산업재산권의 공유 및 상호사용협약을 체결한 사용자등이 산업재산권의 공유 및 상호사용 대상 기술분야에 대한 공동기술을 개발할 때 그에 따른 비용을 제55조에 따른 기금, 「산업기술혁신 촉진법」 제11조제2항에 따른 산업기술개발사업을 위한 자금, 「중소기업진흥에 관한 법률」 제63조에 따른 중소기업창업 및 진흥기금 등에서 먼저 지원하도록 지식경제부장관 또는 제52조에 따른 한국발명진흥회 회장에게 요청할 수 있다. 〈개정 2008. 2. 29, 2009. 5. 21, 2010. 1. 27〉

제50조의2(산업재산권의 보호) ① 정부는 산업의 기술경쟁력을 높이고 공정한 거래질서를 확립하기 위하여 대통령령으로 정하는 바에 따라 산업재산권 보호사업을 할 수 있다.

② 정부는 대통령령으로 정하는 바에 따라 관련 전문기관이나 단체를 지정하여 제1항에 따른 산업재산권 보호사업을 하게 할 수 있다. 이 경우 그 사업에 필요한 비용의 전부 또는 일부를 지원할 수 있다.

[본조신설 2010. 1. 27]

제50조의3(해외산업재산권센터) ① 해외에서 수출기업의 산업재산권 확보, 활용 및 보호 등을 지원하기 위하여 해외산업재산권센터를 둘 수 있다.

② 제1항에 따른 해외산업재산권센터(이하 이 조에서 "해외산업재산권센터"라 한다)는 다음 각 호의 사업을 한다.

1. 해외에서 수출기업의 산업재산권 출원, 등록 및 활용 지원

2. 해외에서 수출기업 등의 산업재산권 분쟁 대응 지원

3. 해외에서 수출기업의 영업비밀보호 지원

4. 해외 산업재산권의 보호에 관한 정보의 공유 및 확산

5. 산업재산권의 출원·등록 등의 지원을 위한 관련 해외 자료의 수집

6. 해외에서 산업재산권 보호를 위한 협력 네트워크 구축

7. 해외 산업재산권 보호 관련 제도·통계·수요 조사 및 홍보

8. 그 밖에 수출기업의 해외 산업재산권 확보·활용 및 보호 등을 위하여 필요한 사항

③ 정부는 예산의 범위에서 해외산업재산권센터를 운영하는 자에게 사업 수행에 필요한 자금을 지원할 수 있다.

④ 해외산업재산권센터의 수익사업에 관하여는 제21조제5항을 준용한다.

[본조신설 2010. 1. 27]

제51조(지식재산권 연구소) ① 사용자등은 지식재산권에 관련된 국내외 분쟁에 대한 효율적인 대응방안을 세우고 국내외 지식재산권의 동향 분석과 신지식재산권 분야에 대한 연구를 하기 위하여 공동으로 지식재산권 연구소를 설립할 수 있다.

② 정부는 제1항에 따른 지식재산권 연구소에 대하여 필요한 지원시책을 수립·시행하여야 한다.

③ 제2항에 따른 시책에는 다음 각 호의 사항이 포함되어야 한다.

1. 사업비 및 운영비의 보조

2. 지식재산권 연구를 위한 공무원의 파견

3. 그 밖에 지식재산권 연구를 위하여 필요한 사항

제6장 한국발명진흥회

제52조(한국발명진흥회의 설립) ① 발명진흥사업을 체계적, 효율적으로 추진하고 발명가의 이익 증진을 도모할 수 있는 사업을 하기 위하여 한국발명진흥회를 설립한다.

② 한국발명진흥회는 법인으로 한다.

③ 한국발명진흥회는 그 주된 사업소의 소재지에 설립등기를 함으로써 성립한다.

④ 한국발명진흥회는 정관으로 정하는 바에 따라 국내외의 필요한 곳에 지부를 둘 수 있다.

⑤ 한국발명진흥회가 아닌 자는 한국발명진흥회의 명칭을 사용하지 못한다.

⑥ 한국발명진흥회에 관하여 이 법에 규정한 것 외에는 「민법」 중 재단법인에 관한 규정을 준용한다.

제53조(사업) ① 한국발명진흥회는 다음 각 호의 사업을 한다.

1. 발명진흥에 대한 조사 · 연구

2. 산업재산권 기술정보자료의 수집, 분석 및 보급

3. 특허관리 요원의 양성

4. 특허, 실용신안, 디자인 및 상표 공보의 보급

5. 산업재산권 관련 교육의 실시와 교육시설의 운영

6. 특허청장이 발명의 진흥에 관하여 위탁한 사업

7. 그 밖에 정관으로 정하는 사업

② 한국발명진흥회는 제1항에 따른 사업수행에 필요한 재원을 조달하기 위하여 수익사업을 할 수 있다.

③ 정부는 발명진흥을 위하여 예산의 범위에서 한국발명진흥회에 대하여 사업비와 운영에 필요한 경비를 지원할 수 있다.

제54조(지도 · 감독) 특허청장은 한국발명진흥회의 업무를 지도 · 감

독한다.

제55조(기금의 조성 등) ① 한국발명진흥회는 이 법에 따른 발명진흥을 위한 사업의 효율적인 지원을 위하여 기금(이하 "기금"이라 한다)을 조성·운용할 수 있다.
② 기금은 다음 각 호의 재원으로 조성한다.
1. 제53조제2항에 따른 수익사업으로 발생된 수익금
2. 사용자등의 출연금 또는 기부금
3. 차입금
4. 기금 운용 수익금
5. 그 밖에 대통령령으로 정하는 수입금
③ 기금은 다음 각 호의 사업에 사용한다.
1. 발명 장려 행사 등 발명 활동의 촉진
2. 우수 발명 시작품의 제작 지원
3. 발명의 기술성 및 사업성 평가 지원
4. 발명의 양도, 실시 허여와 창업자금 지원 등의 사업화 지원
5. 직무발명제도 활용 촉진
6. 국내외 출원 및 등록의 장려
7. 학생 발명의 장려
8. 산업재산권 정보의 조사·분석
9. 산업재산권 제도 조사와 연구개발
10. 학생, 영세 발명가에 대한 무료 변리(辨理)에 관한 지원
11. 산업재산권의 사업화자금 지원을 할 때의 신용보증에 관한

지원
12. 그 밖에 한국발명진흥회 회장이 발명진흥을 위하여 필요하다
고 인정하는 사업

제8장 벌칙

제58조(벌칙) ① 제19조를 위반하여 부정한 이익을 얻거나 사용자등
에 손해를 가할 목적으로 직무발명의 내용을 공개한 자에 대하여
는 3년 이하의 징역 또는 3천만원 이하의 벌금에 처한다.
② 제1항의 죄는 사용자등의 고소가 있어야 공소를 제기할 수 있다.

제59조(벌칙 적용에서의 공무원 의제) 위원회 위원으로서 공무원이
아닌 자, 특허기술정보센터, 특허기술사업화알선센터 및 한국발
명진흥회의 임원과 직원은 「형법」과 그 밖의 법률에 따른 벌칙의
적용에서는 공무원으로 본다. 〈개정 2007. 8. 3, 2010. 6. 8〉

3. 특허법

[시행 2010. 7. 28] [법률 제9985호, 2010. 1. 27, 일부개정]

제1장 총칙

제1조(목적) 이 법은 발명을 보호·장려하고 그 이용을 도모함으로써 기술의 발전을 촉진하여 산업발전에 이바지함을 목적으로 한다.

제2조(정의) 이 법에서 사용하는 용어의 정의는 다음과 같다. 〈개정 1995. 12. 29〉

1. "발명"이라 함은 자연법칙을 이용한 기술적 사상의 창작으로서 고도한 것을 말한다.
2. "특허발명"이라 함은 특허를 받은 발명을 말한다.
3. "실시"라 함은 다음 각목의 1에 해당하는 행위를 말한다.
가. 물건의 발명인 경우에는 그 물건을 생산·사용·양도·대여

또는 수입하거나 그 물건의 양도 또는 대여의 청약(양도 또는 대여를 위한 전시를 포함한다. 이하 같다)을 하는 행위

나. 방법의 발명인 경우에는 그 방법을 사용하는 행위

다. 물건을 생산하는 방법의 발명인 경우에는 나목의 행위외에 그 방법에 의하여 생산한 물건을 사용·양도·대여 또는 수입하거나 그 물건의 양도 또는 대여의 청약을 하는 행위

제2장 특허요건 및 특허출원

제29조(특허요건) ① 산업상 이용할 수 있는 발명으로서 다음 각 호의 어느 하나에 해당하는 것을 제외하고는 그 발명에 대하여 특허를 받을 수 있다. 〈개정 2001. 2. 3, 2006. 3. 3〉

1. 특허출원전에 국내 또는 국외에서 공지되었거나 공연히 실시된 발명

2. 특허출원전에 국내 또는 국외에서 반포된 간행물에 게재되거나 대통령령이 정하는 전기통신회선을 통하여 공중이 이용가능하게 된 발명

② 특허출원전에 그 발명이 속하는 기술분야에서 통상의 지식을 가진 자가 제1항 각호의 1에 규정된 발명에 의하여 용이하게 발명할 수 있는 것일 때에는 그 발명에 대하여는 제1항의 규정에 불구하고 특허를 받을 수 없다. 〈개정 2001. 2. 3〉

③ 특허출원한 발명이 당해 특허출원을 한 날전에 특허출원 또는 실용신안등록출원을 하여 당해 특허출원을 한 후에 출원공개되거

나 등록공고된 타특허출원 또는 실용신안등록출원의 출원서에 최초로 첨부된 명세서 또는 도면에 기재된 발명 또는 고안과 동일한 경우에 그 발명에 대하여는 제1항의 규정에 불구하고 특허를 받을 수 없다. 다만, 당해 특허출원의 발명자와 타특허출원의 발명자나 실용신안등록출원의 고안자가 동일한 경우 또는 당해 특허출원의 특허출원시의 특허출원인과 타특허출원이나 실용신안등록출원의 출원인이 동일한 경우에는 그러하지 아니하다. 〈개정 1993. 12. 10, 1997. 4. 10, 1998. 9. 23, 2001. 2. 3, 2006. 3. 3〉

④ 제3항을 적용할 때 다른 특허출원 또는 실용신안등록출원이 다음 각 호의 어느 하나에 해당하는 경우 제3항 중 "출원공개"는 "출원공개 또는 「특허협력조약」 제21조에 따른 국제공개"로, "출원서에 최초로 첨부된 명세서 또는 도면에 기재된 발명 또는 고안"은 국어로 출원한 경우 "국제출원일에 제출한 국제출원의 명세서, 청구의 범위 또는 도면에 기재된 발명 또는 고안"으로, 외국어로 출원한 경우 "국제출원일에 제출한 국제출원의 명세서, 청구의 범위 또는 도면과 그 출원번역문에 다 같이 기재된 발명 또는 고안"으로 본다. 〈개정 2009. 1. 30〉

1. 다른 특허출원이 제199조제1항에 따라 특허출원으로 보는 국제출원(제214조제4항에 따라 특허출원으로 되는 국제출원을 포함한다)인 경우

2. 실용신안등록출원이 「실용신안법」 제34조제1항에 따라 실용신안등록출원으로 보는 국제출원(같은 법 제40조제4항에 따라 실용신안등록출원으로 되는 국제출원을 포함한다)인 경우

제30조(공지 등이 되지 아니한 발명으로 보는 경우) ① 특허를 받을 수 있는 권리를 가진 자의 발명이 다음 각 호의 어느 하나에 해당하는 경우에는 그날부터 6월이내에 특허출원을 하면 그 특허출원된 발명에 대하여 제29조제1항 또는 제2항의 규정을 적용함에 있어서는 그 발명은 제29조제1항 각 호의 어느 하나에 해당하지 아니한 것으로 본다. 〈개정 1993. 12. 10, 2001. 2. 3, 2006. 3. 3〉

1. 특허를 받을 수 있는 권리를 가진 자에 의하여 그 발명이 제29조제1항 각 호의 어느 하나에 해당하게 된 경우. 다만, 조약 또는 법률에 따라 국내 또는 국외에서 출원공개되거나 등록공고된 경우를 제외한다.

2. 특허를 받을 수 있는 권리를 가진 자의 의사에 반하여 그 발명이 제29조제1항 각호의 1에 해당하게 된 경우

3. 삭제 〈2006. 3. 3〉

② 제1항제1호의 규정을 적용받고자 하는 자는 특허출원서에 그 취지를 기재하여 출원하고, 이를 증명할 수 있는 서류를 특허출원일부터 30일이내에 특허청장에게 제출하여야 한다. 〈개정 2006. 3. 3〉

제31조 삭제 〈2006. 3. 3〉

제32조(특허를 받을 수 없는 발명) 공공의 질서 또는 선량한 풍속을 문란하게 하거나 공중의 위생을 해할 염려가 있는 발명에 대하여는 제29조제1항 및 제2항의 규정에 불구하고 특허를 받을 수 없다.

[전문개정 1995. 12. 29]

 아이디어 스파크

제33조(특허를 받을 수 있는 자) ① 발명을 한 자 또는 그 승계인은 이 법에서 정하는 바에 의하여 특허를 받을 수 있는 권리를 가진다. 다만, 특허청직원 및 특허심판원직원은 상속 또는 유증의 경우를 제외하고는 재직중 특허를 받을 수 없다. 〈개정 1995. 1. 5, 2001. 2. 3〉

② 2인이상이 공동으로 발명한 때에는 특허를 받을 수 있는 권리는 공유로 한다.

제34조(무권리자의 특허출원과 정당한 권리자의 보호) 발명자가 아닌 자로서 특허를 받을 수 있는 권리의 승계인이 아닌 자(이하 "무권리자"라 한다)가 한 특허출원이 제33조제1항 본문의 규정에 의한 특허를 받을 수 있는 권리를 가지지 아니한 사유로 제62조제2호에 해당되어 특허를 받지 못하게 된 경우에는 그 무권리자의 특허출원후에 한 정당한 권리자의 특허출원은 무권리자가 특허출원한 때에 특허출원한 것으로 본다. 다만, 무권리자가 특허를 받지 못하게 된 날부터 30일을 경과한 후에 출원을 한 경우에는 그러하지 아니하다. 〈개정 2001. 2. 3〉

제35조(무권리자의 특허와 정당한 권리자의 보호) 제33조제1항 본문의 규정에 의한 특허를 받을 수 있는 권리를 가지지 아니한 자에 대하여 제133조제1항제2호에 해당되어 특허를 무효로 한다는 심결이 확정된 경우에는 그 특허출원 후에 한 정당한 권리자의 특허출원은 무효로 된 그 특허의 출원시에 특허출원한 것으로 본다.

다만, 그 특허의 등록공고가 있는 날부터 2년을 경과한 후 또는
심결이 확정된 날부터 30일을 경과한 후에 특허출원을 한 경우에
는 그러하지 아니하다.

[전문개정 2006. 3. 3]

제36조(선출원) ① 동일한 발명에 대하여 다른 날에 2이상의 특허출
원이 있는 때에는 먼저 특허출원한 자만이 그 발명에 대하여 특허
를 받을 수 있다.

② 동일한 발명에 대하여 같은 날에 2이상의 특허출원이 있는 때
에는 특허출원인의 협의에 의하여 정하여진 하나의 특허출원인만
이 그 발명에 대하여 특허를 받을 수 있다. 협의가 성립하지 아니
하거나 협의를 할 수 없는 때에는 어느 특허출원인도 그 발명에 대
하여 특허를 받을 수 없다.

③ 특허출원된 발명과 실용신안등록출원된 고안이 동일한 경우
그 특허출원과 실용신안등록출원이 다른 날에 출원된 것일 때에
는 제1항의 규정을 준용하고, 그 특허출원과 실용신안등록출원이
같은 날에 출원된 것일 때에는 제2항의 규정을 준용한다. 〈개정
1998. 9. 23, 2001. 2. 3, 2006. 3. 3〉

④ 특허출원 또는 실용신안등록출원이 무효ㆍ취하 또는 포기되거
나 거절결정이나 거절한다는 취지의 심결이 확정된 때에는 그 특
허출원 또는 실용신안등록출원은 제1항 내지 제3항의 규정을 적
용함에 있어서는 처음부터 없었던 것으로 본다. 다만, 제2항 후단
(제3항의 규정에 의하여 준용되는 경우를 포함한다)의 규정에 해

당하여 그 특허출원 또는 실용신안등록출원에 대하여 거절결정이
나 거절한다는 취지의 심결이 확정된 때에는 그러하지 아니하다.
〈개정 2001. 2. 3, 2006. 3. 3〉

⑤ 발명자 또는 고안자가 아닌 자로서 특허를 받을 수 있는 권리
또는 실용신안등록을 받을 수 있는 권리의 승계인이 아닌 자가 한
특허출원 또는 실용신안등록출원은 제1항 내지 제3항의 규정을
적용함에 있어서는 처음부터 없었던 것으로 본다.

⑥ 특허청장은 제2항의 경우에는 특허출원인에게 기간을 정하여
협의의 결과를 신고할 것을 명하고 그 기간내에 신고가 없는 때에
는 제2항의 규정에 의한 협의는 성립되지 아니한 것으로 본다.

제37조(특허를 받을 수 있는 권리의 이전등) ① 특허를 받을 수 있는
권리는 이전할 수 있다.

② 특허를 받을 수 있는 권리는 질권의 목적으로 할 수 없다.

③ 특허를 받을 수 있는 권리가 공유인 경우에는 각 공유자는 다른
공유자의 동의를 얻지 아니하면 그 지분을 양도할 수 없다.

제38조(특허를 받을 수 있는 권리의 승계) ① 특허출원전에 있어서
특허를 받을 수 있는 권리의 승계는 그 승계인이 특허출원을 하지
아니하면 제3자에게 대항할 수 없다.

② 동일한 자로부터 승계한 동일한 특허를 받을 수 있는 권리에 대하
여 같은 날에 2이상의 특허출원이 있는 때에는 특허출원인의 협의에
의하여 정한 자외의 자의 승계는 그 효력이 발생하지 아니한다.

③ 동일한 자로부터 승계한 동일한 발명 및 고안에 대한 특허를 받을 수 있는 권리 및 실용신안등록을 받을 수 있는 권리에 대하여 같은 날에 특허출원 및 실용신안등록출원이 있는 때에도 제2항과 같다.

④ 특허출원후에 있어서 특허를 받을 수 있는 권리의 승계는 상속 기타 일반승계의 경우를 제외하고는 특허출원인변경신고를 하지 아니하면 그 효력이 발생하지 아니한다. 〈개정 2001. 2. 3〉

⑤ 특허를 받을 수 있는 권리의 상속 기타 일반승계가 있는 경우에는 승계인은 지체없이 그 취지를 특허청장에게 신고하여야 한다.

⑥ 동일인으로부터 승계한 동일한 특허를 받을 수 있는 권리의 승계에 관하여 같은 날에 2이상의 특허출원인변경신고가 있는 때에는 신고를 한 자간의 협의에 의하여 정한 자외의 자의 신고는 그 효력이 발생하지 아니한다. 〈개정 2001. 2. 3〉

⑦ 제36조제6항의 규정은 제2항 · 제3항 및 제6항의 경우에 이를 준용한다. 〈개정 1993. 12. 10〉

제39조 삭제 〈2006. 3. 3〉

구특허법 제39조 (직무발명) ① 종업원 · 법인의 임원 또는 공무원(이하 "종업원등"이라 한다)이 그 직무에 관하여 발명한 것이 성질상 사용자 · 법인 또는 국가나 지방자치단체(이하 "사용자등"이라 한다)의 업무범위에 속하고, 그 발명을 하게 된 행위가 종업원등의 현재 또는 과거의 직무에 속하는 발명(이하 "직무발명"이라 한다)에 대하여 종업원등이 특허를 받았거나 특허를 받을 수 있는 권리를 승계한 자가 특허를 받았을 때에는 사용자등은 그 특허권에 대하여 통상실시권을 가진다.

② 제1항의 규정에 불구하고 공무원의 직무발명은 국가 또는 지방자치단체가 승계하며, 국가 또는 지방자치단체가 승계한 공무원의 직무발명에 대한 특허권은 국유 또는 공유로 한다. 다만, 고등교육법에 의한 국·공립학교(이하 "국·공립학교"라 한다) 교직원의 직무발명은 기술이전촉진법 제9조제1항 후단의 규정에 의한 전담조직(이하 "전담조직"이라 한다)이 승계하며, 전담조직이 승계한 국·공립학교 교직원의 직무발명에 대한 특허권은 전담조직소유로 한다. 〈개정 2001. 2. 3, 2001. 12. 31, 시행일 2002. 4. 1〉

③ 종업원등이 한 발명중 직무발명을 제외하고는 미리 사용자등으로 하여금 특허를 받을 수 있는 권리 또는 특허권을 승계시키거나 사용자등을 위하여 전용실시권을 설정한 계약이나 근무규정의 조항은 이를 무효로 한다.

④ 제2항의 규정에 의하여 국유로 된 특허권의 처분 및 관리는 국유재산법 제6조의 규정에 불구하고 특허청장이 이를 관장한다.

⑤ 제4항의 국유특허권의 처분 및 관리에 관하여 필요한 사항은 대통령령으로 정한다.

제40조 삭제 〈2006. 3. 3〉

구특허법 제40조 (직무발명에 대한 보상) ① 종업원등은 직무발명에 대하여 특허를 받을 수 있는 권리 또는 직무발명에 대한 특허권을 계약 또는 근무규정에 의하여 사용자등으로 하여금 승계하게 하거나 전용실시권을 설정한 경우에는 정당한 보상을 받을 권리를 가진다.

② 제1항의 규정에 의한 보상의 액을 결정함에 있어서는 그 발명에 의하여 사용자등이 얻을 이익의 액과 그 발명의 완성에 사용자등 및 종업원등이 공헌한 정도를 고려하여야 한다. 이 경우 보상금의 지급기준에 관하여 필요한 사항은 대통령령 또는 조례로 정한다. 〈개정 2001. 2. 3, 시행일 2001. 7. 1〉

③ 공무원의 직무발명에 대하여 제39조제2항의 규정에 의하여 국가, 지방자치단체 또는 전담조직이 이를 승계한 경우에는 정당한 보상금을 지급하여야 한다. 이 경우 보상금의 지급에 대하여 필요한 사항은 대통령령 또는 조례로 정한다. 〈개정 2001. 12. 31, 시행일 2002. 4. 1〉

④ 삭제 〈1994. 3. 24〉

제41조(국방상 필요한 발명등) ① 정부는 국방상 필요한 경우에는 외국에의 특허출원을 금지하거나 발명자·출원인 및 대리인에게 그 발명을 비밀로 취급하도록 명할 수 있다. 다만, 정부의 허가를 얻은 때에는 외국에 특허출원을 할 수 있다.

② 정부는 특허출원한 발명이 국방상 필요한 경우에는 특허를 하지 아니할 수 있으며, 전시·사변 또는 이에 준하는 비상시에 있어서 국방상 필요한 경우에는 특허를 받을 수 있는 권리를 수용할 수 있다. 〈개정 1995. 12. 29〉

③ 제1항의 규정에 의한 외국에의 특허출원 금지 또는 비밀취급에

따른 손실에 대하여는 정부는 정당한 보상금을 지급하여야 한다. 〈개정 2001. 2. 3〉

④ 제2항의 규정에 의하여 특허하지 아니하거나 수용한 경우에는 정부는 정당한 보상금을 지급하여야 한다.

⑤ 제1항의 규정에 의한 외국에의 특허출원의 금지 또는 비밀취급명령을 위반한 경우에는 그 발명에 대하여 특허를 받을 수 있는 권리를 포기한 것으로 본다.

⑥ 제1항의 규정에 의한 비밀취급명령을 위반한 경우에는 비밀취급에 따른 손실보상금의 청구권을 포기한 것으로 본다.

⑦ 제1항의 규정에 의한 외국에의 특허출원의 금지·비밀취급의 절차·제2항 내지 제4항의 규정에 의한 수용 및 보상금 지급의 절차 기타 필요한 사항은 대통령령으로 정한다.

제42조(특허출원) ① 특허를 받고자 하는 자는 다음 각호의 사항을 기재한 특허출원서를 특허청장에게 제출하여야 한다. 〈개정 2001. 2. 3〉

1. 특허출원인의 성명 및 주소(법인인 경우에는 그 명칭 및 영업소의 소재지)

2. 특허출원인의 대리인이 있는 경우에는 그 대리인의 성명 및 주소나 영업소의 소재지(대리인이 특허법인인 경우에는 그 명칭, 사무소의 소재지 및 지정된 변리사의 성명)

3. 삭제 〈2001. 2. 3〉

4. 발명의 명칭

5. 발명자의 성명 및 주소

6. 삭제 〈2001. 2. 3〉

② 제1항의 규정에 의한 특허출원서에는 다음 각호의 사항을 기재한 명세서와 필요한 도면 및 요약서를 첨부하여야 한다.

1. 발명의 명칭

2. 도면의 간단한 설명

3. 발명의 상세한 설명

4. 특허청구범위

③ 제2항제3호의 규정에 따른 발명의 상세한 설명에는 그 발명이 속하는 기술분야에서 통상의 지식을 가진 자가 그 발명을 쉽게 실시할 수 있도록 지식경제부령이 정하는 기재방법에 따라 명확하고 상세하게 기재하여야 한다. 〈개정 2007. 1. 3, 2008. 2. 29〉

④ 제2항제4호의 규정에 의한 특허청구범위에는 보호를 받고자 하는 사항을 기재한 항(이하 "청구항"이라 한다)이 1 또는 2이상 있어야 하며, 그 청구항은 다음 각 호에 해당하여야 한다. 〈개정 2007. 1. 3〉

1. 발명의 상세한 설명에 의하여 뒷받침될 것

2. 발명이 명확하고 간결하게 기재될 것

3. 삭제 〈2007. 1. 3〉

⑤ 특허출원인은 제2항의 규정에 불구하고 특허출원당시에 제2항제4호의 특허청구범위를 기재하지 아니한 명세서를 특허출원서에 첨부할 수 있다. 이 경우 다음 각 호의 구분에 따른 기한까지 특허청구범위가 기재되도록 명세서를 보정하여야 한다. 〈신설

2007. 1. 3〉

1. 제64조제1항 각 호의 어느 하나에 해당하는 날부터 1년 6개월이 되는 날까지

2. 제1호의 기한 이내에 제60조제3항의 규정에 따른 출원심사 청구의 취지를 통지받은 날부터 3개월이 되는 날까지(제64조제1항 각 호의 어느 하나에 해당하는 날부터 1년 3개월이 되는 날 후에 통지받은 경우에는 동항 각 호의 어느 하나에 해당하는 날부터 1년 6개월이 되는 날까지)

⑥ 제2항제4호의 규정에 따른 특허청구범위를 기재할 때에는 보호받고자 하는 사항을 명확히 할 수 있도록 발명을 특정하는데 필요하다고 인정되는 구조·방법·기능·물질 또는 이들의 결합관계 등을 기재하여야 한다. 〈신설 2007. 1. 3〉

⑦ 특허출원인이 특허출원 후에 제5항 각 호의 규정에 따른 기한까지 명세서를 보정하지 아니한 경우에는 그 기한이 되는 날의 다음 날에 해당특허출원은 취하된 것으로 본다. 〈신설 2007. 1. 3〉

⑧ 제2항제4호의 규정에 의한 특허청구범위의 기재방법에 관하여 필요한 사항은 대통령령으로 정한다. 〈신설 2007. 1. 3〉

⑨ 제2항의 규정에 의한 요약서의 기재방법등에 관하여 필요한 사항은 지식경제부령으로 정한다. 〈개정 1993. 3. 6, 1995. 12. 29, 2001. 2. 3, 2007. 1. 3, 2008. 2. 29〉

제43조(요약서) 제42조제2항의 규정에 의한 요약서는 기술정보로서의 용도로 사용하여야 하며, 특허발명의 보호범위를 정하는 데에

는 사용할 수 없다.

제44조(공동출원) 제33조제2항의 규정에 의한 특허를 받을 수 있는 권리가 공유인 경우에는 공유자 전원이 공동으로 특허출원을 하여야 한다.

제45조(1특허출원의 범위) ① 특허출원은 1발명을 1특허출원으로 한다. 다만, 하나의 총괄적 발명의 개념을 형성하는 1군의 발명에 대하여 1특허출원으로 할 수 있다.
② 제1항의 규정에 의한 1특허출원의 요건은 대통령령으로 정한다.

제5장 특허권

제94조(특허권의 효력) 특허권자는 업으로서 그 특허발명을 실시할 권리를 독점한다. 다만, 그 특허권에 관하여 전용실시권을 설정한 때에는 제100조제2항의 규정에 의하여 전용실시권자가 그 특허발명을 실시할 권리를 독점하는 범위안에서는 그러하지 아니하다.

제95조(존속기간이 연장된 경우의 특허권의 효력) 특허권의 존속기간이 연장된 특허권의 효력은 그 연장등록의 이유가 된 허가등의 대상물건(그 허가등에 있어 물건이 특정의 용도가 정하여져 있는 경우에 있어서는 그 용도에 사용되는 물건)에 관한 그 특허발명의 실시외의 행위에는 미치지 아니한다.

제96조(특허권의 효력이 미치지 아니하는 범위) ① 특허권의 효력은 다음 각 호의 어느 하나에 해당하는 사항에는 미치지 아니한다. 〈개정 2010. 1. 27〉

1. 연구 또는 시험(「약사법」에 따른 의약품의 품목허가·품목신고 및 「농약관리법」에 따른 농약의 등록을 위한 연구 또는 시험을 포함한다)을 하기 위한 특허발명의 실시
2. 국내를 통과하는데 불과한 선박·항공기·차량 또는 이에 사용되는 기계·기구·장치 기타의 물건
3. 특허출원시부터 국내에 있는 물건
② 2이상의 의약(사람의 질병의 진단·경감·치료·처치 또는 예방을 위하여 사용되는 물건을 말한다. 이하 같다)을 혼합함으로써 제조되는 의약의 발명 또는 2이상의 의약을 혼합하여 의약을 제조하는 방법의 발명에 관한 특허권의 효력은 「약사법」에 의한 조제행위와 그 조제에 의한 의약에는 미치지 아니한다. 〈개정 2006. 3. 3〉

제97조(특허발명의 보호범위) 특허발명의 보호범위는 특허청구범위에 기재된 사항에 의하여 정하여진다.

제98조(타인의 특허발명등과의 관계) 특허권자·전용실시권자 또는 통상실시권자는 특허발명이 그 특허발명의 특허출원일전에 출원된 타인의 특허발명·등록실용신안 또는 등록디자인이나 이와 유사한 디자인을 이용하거나 특허권이 그 특허발명의 특허출원일전에 출원된 타인의 디자인권 또는 상표권과 저촉되는 경우에는 그

특허권자·실용신안권자·디자인권자 또는 상표권자의 허락을 얻지 아니하고는 자기의 특허발명을 업으로서 실시할 수 없다. 〈개정 1993. 12. 10, 2001. 2. 3, 2004. 12. 31〉

제99조(특허권의 양도 및 공유) ① 특허권은 이를 양도할 수 있다.

② 특허권이 공유인 경우에는 각 공유자는 다른 공유자의 동의를 얻지 아니하면 그 지분을 양도하거나 그 지분을 목적으로 하는 질권을 설정할 수 없다.

③ 특허권이 공유인 경우에는 각 공유자는 계약으로 특별히 약정한 경우를 제외하고는 다른 공유자의 동의를 얻지 아니하고 그 특허발명을 자신이 실시할 수 있다.

④ 특허권이 공유인 경우에는 각 공유자는 다른 공유자의 동의를 얻지 아니하면 그 특허권에 대하여 전용실시권을 설정하거나 통상실시권을 허락할 수 없다.

제100조(전용실시권) ① 특허권자는 그 특허권에 대하여 타인에게 전용실시권을 설정할 수 있다.

② 제1항의 규정에 의한 전용실시권의 설정을 받은 전용실시권자는 그 설정행위로 정한 범위안에서 업으로서 그 특허발명을 실시할 권리를 독점한다.

③ 전용실시권자는 실시사업과 같이 이전하는 경우 또는 상속 기타 일반승계의 경우를 제외하고는 특허권자의 동의를 얻지 아니하면 그 전용실시권을 이전할 수 없다.

④ 전용실시권자는 특허권자의 동의를 얻지 아니하면 그 전용실시권을 목적으로 하는 질권을 설정하거나 통상실시권을 허락할 수 없다.

⑤ 제99조제2항 내지 제4항의 규정은 전용실시권에 관하여 이를 준용한다.

제101조(특허권 및 전용실시권의 등록의 효력) ① 다음 각호에 해당하는 사항은 이를 등록하지 아니하면 그 효력이 발생하지 아니한다. 〈개정 2001. 2. 3〉

1. 특허권의 이전(상속 기타 일반승계에 의한 경우를 제외한다) · 포기에 의한 소멸 또는 처분의 제한

2. 전용실시권의 설정 · 이전(상속 기타 일반승계에 의한 경우를 제외한다) · 변경 · 소멸(혼동에 의한 경우를 제외한다) 또는 처분의 제한

3. 특허권 또는 전용실시권을 목적으로 하는 질권의 설정 · 이전(상속 기타 일반승계에 의한 경우를 제외한다) · 변경 · 소멸(혼동에 의한 경우를 제외한다) 또는 처분의 제한

② 제1항 각호의 규정에 의한 특허권 · 전용실시권 및 질권의 상속 기타 일반승계의 경우에는 지체없이 그 취지를 특허청장에게 신고하여야 한다.

제102조(통상실시권) ① 특허권자는 그 특허권에 대하여 타인에게 통상실시권을 허락할 수 있다.

② 통상실시권자는 이 법의 규정에 의하여 또는 설정행위로 정한 범위안에서 업으로서 그 특허발명을 실시할 수 있는 권리를 가진다. 〈개정 1993. 12. 10〉

③ 제107조의 규정에 의한 통상실시권은 실시사업과 같이 이전하는 경우에 한하여 이전할 수 있다. 〈개정 1995. 12. 29〉

④ 제138조, 「실용신안법」 제32조 또는 「디자인보호법」 제70조의 규정에 의한 통상실시권은 그 통상실시권자의 당해 특허권·실용신안권 또는 디자인권과 함께 이전되고 당해 특허권·실용신안권 또는 디자인권이 소멸된 때에는 함께 소멸된다. 〈개정 1998. 9. 23, 2004. 12. 31, 2006. 3. 3〉

⑤ 제3항 및 제4항외의 통상실시권은 실시사업과 같이 이전하는 경우 또는 상속 기타 일반승계의 경우를 제외하고는 특허권자(전용실시권에 관한 통상실시권에 있어서는 특허권자 및 전용실시권자)의 동의를 얻지 아니하면 이를 이전할 수 없다. 〈개정 1995. 12. 29, 2001. 2. 3〉

⑥ 제3항 및 제4항외의 통상실시권은 특허권자(전용실시권에 관한 통상실시권에 있어서는 특허권자 및 전용실시권자)의 동의를 얻지 아니하면 그 통상실시권을 목적으로 하는 질권을 설정할 수 없다.

⑦ 제99조제2항 및 제3항의 규정은 통상실시권에 관하여 이를 준용한다. 〈개정 1993. 12. 10〉

제6장 특허권자의 보호

제126조(권리침해에 대한 금지청구권등) ① 특허권자 또는 전용실시권자는 자기의 권리를 침해한 자 또는 침해할 우려가 있는 자에 대하여 그 침해의 금지 또는 예방을 청구할 수 있다.

② 특허권자 또는 전용실시권자가 제1항의 규정에 의한 청구를 할 때에는 침해행위를 조성한 물건(물건을 생산하는 방법의 발명인 경우에는 침해행위로 생긴 물건을 포함한다)의 폐기, 침해행위에 제공된 설비의 제거 기타 침해의 예방에 필요한 행위를 청구할 수 있다.

제127조(침해로 보는 행위) 다음 각호의 1에 해당하는 행위를 업으로서 하는 경우에는 특허권 또는 전용실시권을 침해한 것으로 본다. 〈개정 1995. 12. 29, 2001. 2. 3〉

1. 특허가 물건의 발명인 경우에는 그 물건의 생산에만 사용하는 물건을 생산·양도·대여 또는 수입하거나 그 물건의 양도 또는 대여의 청약을 하는 행위

2. 특허가 방법의 발명인 경우에는 그 방법의 실시에만 사용하는 물건을 생산·양도·대여 또는 수입하거나 그 물건의 양도 또는 대여의 청약을 하는 행위

제128조(손해액의 추정등) ① 특허권자 또는 전용실시권자는 고의 또는 과실로 인하여 자기의 특허권 또는 전용실시권을 침해한 자에

대하여 그 침해에 의하여 자기가 입은 손해의 배상을 청구하는 경우 당해 권리를 침해한 자가 그 침해행위를 하게 한 물건을 양도한 때에는 그 물건의 양도수량에 특허권자 또는 전용실시권자가 당해 침해행위가 없었다면 판매할 수 있었던 물건의 단위수량당 이익액을 곱한 금액을 특허권자 또는 전용실시권자가 입은 손해액으로 할 수 있다. 이 경우 손해액은 특허권자 또는 전용실시권자가 생산할 수 있었던 물건의 수량에서 실제 판매한 물건의 수량을 뺀 수량에 단위수량당 이익액을 곱한 금액을 한도로 한다. 다만, 특허권자 또는 전용실시권자가 침해행위 외의 사유로 판매할 수 없었던 사정이 있는 때에는 당해 침해행위 외의 사유로 판매할 수 없었던 수량에 따른 금액을 빼야 한다. 〈신설 2001. 2. 3〉

② 특허권자 또는 전용실시권자가 고의 또는 과실에 의하여 자기의 특허권 또는 전용실시권을 침해한 자에 대하여 그 침해에 의하여 자기가 받은 손해의 배상을 청구하는 경우 권리를 침해한 자가 그 침해행위에 의하여 이익을 받은 때에는 그 이익의 액을 특허권자 또는 전용실시권자가 받은 손해의 액으로 추정한다.

③ 특허권자 또는 전용실시권자가 고의 또는 과실에 의하여 자기의 특허권 또는 전용실시권을 침해한 자에 대하여 그 침해에 의하여 자기가 받은 손해의 배상을 청구하는 경우 그 특허발명의 실시에 대하여 통상 받을 수 있는 금액에 상당하는 액을 특허권자 또는 전용실시권자가 받은 손해의 액으로 하여 그 손해배상을 청구할 수 있다.

④ 제3항의 규정에 불구하고 손해의 액이 동항에 규정하는 금액을

 아이디어 스파크

초과하는 경우에는 그 초과액에 대하여도 손해배상을 청구할 수
있다. 이 경우 특허권 또는 전용실시권을 침해한 자에게 고의 또
는 중대한 과실이 없는 때에는 법원은 손해배상의 액을 정함에 있
어서 이를 참작할 수 있다. 〈개정 2001. 2. 3〉

⑤ 법원은 특허권 또는 전용실시권의 침해에 관한 소송에 있어서
손해가 발생된 것은 인정되나 그 손해액을 입증하기 위하여 필요
한 사실을 입증하는 것이 해당 사실의 성질상 극히 곤란한 경우에
는 제1항 내지 제4항의 규정에 불구하고 변론 전체의 취지와 증거
조사의 결과에 기초하여 상당한 손해액을 인정할 수 있다. 〈신설
2001. 2. 3〉

제129조(생산방법의 추정) 물건을 생산하는 방법의 발명에 관하여 특
  허가 된 경우에 그 물건과 동일한 물건은 그 특허된 방법에 의하여
  생산된 것으로 추정한다. 다만, 그 물건이 다음 각호의 1에 해당
  하는 경우에는 그러하지 아니하다.

1. 특허출원전에 국내에서 공지되었거나 공연히 실시된 물건

2. 특허출원전에 국내 또는 국외에서 반포된 간행물에 게재되거
   나 대통령령이 정하는 전기통신회선을 통하여 공중이 이용가
   능하게 된 물건

[전문개정 2001. 2. 3]

제130조(과실의 추정) 타인의 특허권 또는 전용실시권을 침해한 자
  는 그 침해행위에 대하여 과실이 있는 것으로 추정한다.

제131조(특허권자등의 신용회복) 법원은 고의 또는 과실에 의하여 특허권 또는 전용실시권을 침해함으로써 특허권자 또는 전용실시권자의 업무상의 신용을 실추하게 한 자에 대하여는 특허권자 또는 전용실시권자의 청구에 의하여 손해배상에 갈음하거나 손해배상과 함께 특허권자 또는 전용실시권자의 업무상의 신용회복을 위하여 필요한 조치를 명할 수 있다.

제132조(서류의 제출) 법원은 특허권 또는 전용실시권의 침해에 관한 소송에 있어서 당사자의 신청에 의하여 타당사자에 대하여 당해 침해행위로 인한 손해의 계산을 하는 데에 필요한 서류의 제출을 명할 수 있다. 다만, 그 서류의 소지자가 그 서류의 제출을 거절할 정당한 이유가 있는 때에는 그러하지 아니한다.

4. 근로자참여 및 협력증진에 관한 법률

[시행 2010. 7. 5] [법률 제10339호, 2010. 6. 4, 타법개정]

제1장 총칙 〈개정 2007. 12. 27〉

제1조(목적) 이 법은 근로자와 사용자 쌍방이 참여와 협력을 통하여 노사 공동의 이익을 증진함으로써 산업 평화를 도모하고 국민경제 발전에 이바지함을 목적으로 한다.

[전문개정 2007. 12. 27]

제2조(신의성실의 의무) 근로자와 사용자는 서로 신의를 바탕으로 성실하게 협의에 임하여야 한다.

[전문개정 2007. 12. 27]

제3조(정의) 이 법에서 사용하는 용어의 뜻은 다음과 같다.

1. "노사협의회"란 근로자와 사용자가 참여와 협력을 통하여 근로자의 복지증진과 기업의 건전한 발전을 도모하기 위하여 구성하는 협의기구를 말한다.
2. "근로자"란 「근로기준법」 제2조에 따른 근로자를 말한다.
3. "사용자"란 「근로기준법」 제2조에 따른 사용자를 말한다.
[전문개정 2007. 12. 27]

제4조(노사협의회의 설치) ① 노사협의회(이하 "협의회"라 한다)는 근로조건에 대한 결정권이 있는 사업이나 사업장 단위로 설치하여야 한다. 다만, 상시(常時) 30명 미만의 근로자를 사용하는 사업이나 사업장은 그러하지 아니하다.
② 하나의 사업에 지역을 달리하는 사업장이 있을 경우에는 그 사업장에도 설치할 수 있다.
[전문개정 2007. 12. 27]

제5조(노동조합과의 관계) 노동조합의 단체교섭이나 그 밖의 모든 활동은 이 법에 의하여 영향을 받지 아니한다.
[전문개정 2007. 12. 27]

제4장 협의회의 임무 〈개정 2007. 12. 27〉

제20조(협의 사항) ① 협의회가 협의하여야 할 사항은 다음 각 호와 같다.

 아이디어 스파크

1. 생산성 향상과 성과 배분

2. 근로자의 채용ㆍ배치 및 교육훈련

3. 근로자의 고충처리

4. 안전, 보건, 그 밖의 작업환경 개선과 근로자의 건강증진

5. 인사ㆍ노무관리의 제도 개선

6. 경영상 또는 기술상의 사정으로 인한 인력의 배치전환ㆍ재훈
   련ㆍ해고 등 고용조정의 일반원칙

7. 작업과 휴게 시간의 운용

8. 임금의 지불방법ㆍ체계ㆍ구조 등의 제도 개선

9. 신기계ㆍ기술의 도입 또는 작업 공정의 개선

10. 작업 수칙의 제정 또는 개정

11. 종업원지주제(從業員持株制)와 그 밖에 근로자의 재산형성에
    관한 지원

12. 직무 발명 등과 관련하여 해당 근로자에 대한 보상에 관한 사항

13. 근로자의 복지증진

14. 사업장 내 근로자 감시 설비의 설치

15. 여성근로자의 모성보호 및 일과 가정생활의 양립을 지원하기
    위한 사항

16. 그 밖의 노사협조에 관한 사항

② 협의회는 제1항 각 호의 사항에 대하여 제15조의 정족수에 따
라 의결할 수 있다.

[전문개정 2007. 12. 27]

[제19조에서 이동, 종전 제20조는 제21조로 이동 〈2007. 12. 27〉]

5. 국민제안규정

[시행 2010. 5. 4, 대통령령 제22145호, 2010. 5. 4, 일부개정]

제1장 총칙

제1조(목적) 이 영은 「민원사무처리에 관한 법률」 제31조에 따라 국민의 창의적인 의견 또는 고안을 정부시책에 반영하고 불합리한 제도를 개선하기 위한 국민제안의 운영 및 절차 등에 관하여 필요한 사항을 정함을 목적으로 한다.

제2조(정의) 이 영에서 사용하는 용어의 정의는 다음과 같다. 〈개정 2008. 2. 29, 2010. 5. 4〉

1. "국민제안"이라 함은 국민이 정부시책 또는 행정제도·운영의 개선을 목적으로 중앙행정기관의 장, 지방자치단체의 장 또는 특별시·광역시·도·특별자치도 교육감(이하 "행정기관의

장"이라 한다)에게 제출하는 창의적인 의견 또는 고안으로서 다음 각 목의 어느 하나에 해당하지 아니하는 것을 말한다.

가. 일반적으로 공지되었거나 이미 이용되고 있는 것

나. 타인이 취득한 특허권·실용신안권·디자인권·저작권에 속하는 것이거나 「공무원 직무발명의 처분·관리 및 보상 등에 관한 규정」에 의하여 보상이 확정된 것

다. 이미 채택된 제안이거나 그 기본구상이 이와 유사한 것

라. 일반 통념상 그 적용이 불가능하다고 판단되는 것

마. 단순한 주의환기·진정·비판·건의 또는 불만의 표시에 불과한 것

바. 국가나 지방자치단체의 사무에 관한 사항이 아닌 것

1의2. "공모제안"이란 행정기관의장이 과제를 지정하여 공개적으로 모집하는 경우에 제출하는 국민제안을 말한다.

2. "채택제안"이라 함은 행정기관의장이 접수한 국민제안 중에서 심사하여 채택한 제안을 말한다.

3. "자체우수제안"이라 함은 행정기관의장이 채택제안 중에서 그 내용이 우수하다고 인정되어 행정안전부장관에게 추천한 제안을 말한다.

4. "중앙우수제안"이라 함은 행정안전부장관이 자체우수제안 중에서 심사한 후 채택한 제안을 말한다.

제3조(국민제안제도 관장기관) 행정안전부장관은 중앙우수제안의 운영에 관한 업무와 국민제안의 운영 지도에 관한 업무를 관장한다.

〈개정 2008. 2. 29〉

제2장 국민제안의 제출 등

제4조(국민제안의 제출) ① 모든 국민은 정부시책 또는 행정제도·운영의 개선에 관하여 창의적인 의견 또는 고안이 있는 때에는 행정기관의장에게 국민제안을 제출할 수 있다.

② 국민제안을 제출하고자 하는 자는 현행 제도 및 운영의 실태와 문제점, 개선방안 및 기대효과 등에 관한 사항을 작성하여 방문·우편·모사전송 또는 「부패방지 및 국민권익위원회의 설치와 운영에 관한 법률」 제12조제16호에 따른 온라인 국민참여포털(이하 "온라인 국민참여포털"이라 한다) 등 인터넷을 통하여 행정기관의장에게 제출하여야 한다. 〈개정 2008. 12. 31〉

③ 제2항의 경우에 있어서 공동으로 국민제안을 제출하고자 하는 때에는 제안에 참여한 자 별로 분담내용과 백분율로 표시된 기여도에 관한 사항을 기재하여야 한다.

④ 행정기관의장은 제출된 국민제안에 보완할 수 있는 흠결이 있는 경우에는 접수일부터 7일 이내에 상당한 기간을 정하여 그 보완을 요청할 수 있다. 이 경우 보완에 소요되는 기간은 제6조제1항에 따른 기간에 산입하지 아니한다.

⑤ 행정기관의장에 접수된 제안 중 그 내용이 동일한 제안이 있는 경우에는 먼저 접수된 것이 우선한다.

⑥ 행정안전부장관 및 행정기관의장은 국민이 국민제안의 운영에

적극 참여할 수 있도록 국민제안의 접수방법 및 심사방법과 보상 등에 관한 사항을 홍보하고, 제안자가 국민제안과 관련하여 상담 또는 정보를 요구하는 경우에는 이에 응하여야 한다. 〈개정 2008. 2. 29〉

제5조(접수 및 처리상황의 공개 등) 행정기관의장은 제4조에 따른 국민제안을 접수한 때에는 온라인 국민참여포털 등 인터넷을 통하여 국민제안의 접수 및 처리상황을 실시간으로 공개하여야 한다. 다만, 제안자의 요구가 있는 경우에는 이를 공개하지 아니할 수 있다.

제5조의2(생활공감정책 국민제안의 발굴 등) ① 행정기관의장은 생활공감정책(정부의 시책 등에 있어 조금만 제도를 개선하면 국민생활에 실질적으로 도움을 줄 수 있는 정책을 말한다. 이하 같다)에 대한 국민제안이 활성화될 수 있도록 생활공감정책에 관한 과제를 선정하여 공모제안을 실시하는 등의 방법으로 매년 생활공감정책에 관한 국민제안을 발굴하여야 한다.
② 행정안전부장관은 생활공감정책에 관한 국민제안의 활성화에 기여한 사람이나 기관에 대하여 포상을 하거나 예산의 범위에서 부상금을 지급할 수 있다.
[본조신설 2010. 5. 4]

제3장 국민제안의 심사

제6조(채택제안의 결정) ① 행정기관의장은 제4조에 따라 제출한 국민제안을 접수한 때에는 접수일부터 1월 이내에 그 내용을 심사한 후 채택제안으로의 채택여부를 결정하고 그 사실을 제안자에게 통지하여야 한다. 이 경우, 온라인 국민참여 포털 등 인터넷을 통하여 접수된 국민제안에 대하여는 온라인 국민참여 포털 등 인터넷을 통하여 채택여부 결정사실을 통지할 수 있다.

② 행정기관의장은 국민제안의 공정한 심사를 위하여 필요한 때에는 기관별 국민제안심사위원회를 구성·운영할 수 있다.

③ 제1항에 따른 심사의 기준은 다음과 같다.

1. 실시 가능성

2. 창의성

3. 효율성 및 효과성

4. 적용범위

5. 계속성

6. 직접적인 경비절감의 추정금액(회계적인 방법으로 측정하기 어려운 경우에는 그 밖의 적절한 방법으로 측정한 금액을 말한다)

④ 행정기관의장은 제1항에 따른 결정을 함에 있어 실시가능성 등을 판단하기 위하여 필요한 경우에는 관계기관 또는 전문가에게 필요한 실험·조사 등을 의뢰하거나 의견 또는 자료의 제출을 요청할 수 있다. 이 경우 이에 소요되는 기간은 제1항에 따른 기간에 산입하지 아니한다.

⑤ 제4항에 따른 요청을 받은 관계기관의 장은 특별한 사유가 없는 한 이에 협조하여야 하며, 행정기관의장은 의뢰한 실험·조사 등에 소요된 비용을 예산의 범위 안에서 지급한다.

⑥ 행정기관의장은 제1항에 따라 채택제안으로 채택되지 아니한 국민제안에 대하여 행정환경의 변화 등으로 인하여 재검토가 필요하다고 인정되는 경우에는 채택여부를 재심사할 수 있다.

⑦ 제1항에 따라 불채택의 통지를 받은 제안자는 그 통지를 받은 날부터 15일 이내에 해당 행정기관의장에게 재심사를 요청할 수 있다. 이 경우 재심사 요청된 국민제안의 채택 여부 결정 및 통지에 관하여는 제1항을 준용한다. 〈신설 2010. 5. 4〉

제7조(채택제안의 실시) 행정기관의장은 제6조에 따라 채택제안으로 결정한 때에는 특별한 사유가 없는 한 지체 없이 이를 행정에 적용하여 실시하거나 부분적인 수정·보완을 거쳐 실시하여야 한다.

제8조(자체우수제안의 결정) 행정기관의장은 채택제안 중 내용이 우수하다고 인정되는 제안에 대하여는 자체우수제안으로 결정하여 이를 행정안전부장관에게 제출하여야 한다. 〈개정 2008. 2. 29〉

제9조(재심사 요청) 행정안전부장관은 필요한 경우 제6조 또는 제8조에 따라 채택제안 또는 자체우수제안으로 결정되지 아니한 국민제안에 대하여 필요한 조사를 거쳐 행정기관의장에게 재심사를 요청할 수 있다. 〈개정 2008. 2. 29〉

제4장 중앙우수제안의 심사

제10조(중앙우수제안의 결정) ① 행정안전부장관은 제8조에 따라 행정기관의장으로부터 자체우수제안을 제출받은 때에는 그 내용을 심사하여 중앙우수제안으로의 채택여부를 결정하여야 한다. 〈개정 2008. 2. 29〉

② 행정안전부장관은 제1항에 따른 결정을 한 때에는 제안자 및 제안을 제출한 행정기관의장에게 그 결정사실을 통보하여야 한다. 〈개정 2008. 2. 29〉

③ 행정안전부장관은 제1항에 따른 결정을 함에 있어 실시가능성 등을 판단하기 위하여 필요한 경우에는 관계기관 또는 전문가에게 필요한 실험·조사 등을 의뢰하거나 의견 또는 자료의 제출을 요청할 수 있다. 〈개정 2008. 2. 29〉

④ 제3항에 따른 요청을 받은 관계기관의 장은 특별한 사유가 없는 한 이에 협조하여야 하며, 행정안전부장관은 의뢰한 실험·조사 등에 소요된 비용을 예산의 범위 안에서 지급한다. 〈개정 2008. 2. 29〉

제11조(중앙우수제안심사위원회) ① 행정안전부장관은 자체우수제안의 공정한 심사를 위하여 필요한 경우에는 행정안전부장관 소속 하에 중앙우수제안심사위원회(이하 "위원회"라 한다)를 구성·운영할 수 있다. 〈개정 2008. 2. 29〉

② 위원회는 다음 각 호의 사항을 심의한다. 〈개정 2008. 2. 29〉

1. 자체우수제안의 평가 및 심사

2. 중앙우수제안으로의 채택 및 등급의 구분

3. 부상금의 지급금액

4. 그 밖에 행정안전부장관이 필요하다고 인정하는 사항

③ 위원회는 위원장 1인을 포함한 9인 이내의 위원으로 구성한다.

④ 위원회의 위원은 관계공무원과 국민제안에 관하여 학식과 경험이 풍부한 자 중에서 행정안전부장관이 임명 또는 위촉하는 자가 되며, 위원장은 위촉위원 중에서 행정안전부장관이 위촉한다. 〈개정 2008. 2. 29〉

⑤ 위원장은 위원회를 대표하고, 위원회의 업무를 통할한다.

⑥ 위원장이 부득이한 사유로 직무를 수행할 수 없을 때에는 위원장이 미리 지명한 위원이 그 직무를 대행한다.

⑦ 위원장은 위원회의 회의를 소집하고, 그 의장이 된다.

⑧ 위원회의 회의는 재적위원 과반수의 출석으로 개의하고, 출석위원 과반수의 찬성으로 의결한다.

⑨ 위원회에 간사 1인을 두되, 간사는 행정안전부장관이 소속 공무원 중에서 임명한다. 〈개정 2008. 2. 29〉

제5장 시상 및 보상

제12조(중앙우수제안의 등급) ① 중앙우수제안의 등급은 대상·금상·은상 및 동상으로 구분한다.

② 중앙우수제안의 제안자에 대하여는 「상훈법」과 「정부표창규정」이 정하는 바에 따라 서훈 또는 표창할 수 있다.

③ 제1항의 등급에 해당하는 제안이 없는 경우에는 해당등급의 시상을 행하지 아니한다.

제13조(부상금의 지급) ① 행정안전부장관은 채택한 중앙우수제안의 제안자에 대하여 다음 각 호의 기준에 따라 부상금을 지급한다. 〈개정 2008. 2. 29〉

1. 대상: 1제안당 500만원 이상 800만원 미만
2. 금상: 1제안당 300만원 이상 500만원 미만
3. 은상: 1제안당 100만원 이상 300만원 미만
4. 동상: 1제안당 50만원 이상 100만원 미만

② 중앙우수제안의 제안자가 사망한 때에는 부상금은 그가 지정한 자, 상속인의 순으로 지급한다.

제14조(채택제안의 시상) ① 행정기관의장은 채택제안의 제안자에 대하여 포상을 하거나 예산의 범위 안에서 부상금을 지급할 수 있다.

② 행정기관의장은 채택제안의 실시로 인하여 행정업무의 개선, 예산절감 또는 국고·조세수입의 증대가 있는 경우에는 채택제안의 채택 및 실시에 직접적인 공로가 있는 공무원에 대하여 포상을 실시할 수 있다.

제15조(보상) 행정기관의장은 전시 등 필요에 의하여 제안자로 하여금 시제품을 제작하게 하는 때에는 예산의 범위 안에서 그에 소요된 실비를 보상할 수 있다.

6. 공무원 직무발명의 처분·관리 및 보상 등에 관한 규정

[시행 2010.11.18] [대통령령 제22493호, 2010.11.15, 타법개정]

제1조(목적) 이 영은 「발명진흥법」 제10조, 제15조 및 제56조에 따른 공무원의 직무발명의 처분·관리 및 그 보상 등에 필요한 사항을 규정함을 목적으로 한다.

[전문개정 2010. 7. 26]

제2조(용어의 정의) 이 영에서 사용하는 용어의 뜻은 다음과 같다.

1. "직무발명"이란 공무원(국가공무원을 말한다. 이하 같다)이 그 직무에 관하여 발명한 것이 성질상 국가의 업무 범위에 속하고 그 발명을 하게 된 행위가 공무원의 현재 또는 과거의 직무에 속하는 발명을 말한다.

2. "발명기관의 장"이란 직무발명을 한 당시 그 공무원이 소속된 기관의 장을 말한다.

3. "국유특허권"이란 이 영에 따라 국가 명의로 등록된 특허권을 말한다.

4. "처분"이란 다음 각 목의 어느 하나에 해당하는 것을 말한다.

가. 국유특허권 또는 특허출원 중인 직무발명에 대하여 특허를 받을 수 있는 권리의 매각

나. 국유특허권에 대한 「특허법」 제100조에 따른 전용실시권(이하 "전용실시권"이라 한다)의 설정 또는 같은 법 제102조에 따른 통상실시권(이하 "통상실시권"이라 한다)의 허락

다. 특허출원 중인 직무발명에 대한 전용실시 또는 통상실시를 내용으로 하는 계약

5. "처분수입금"이란 국유특허권 또는 특허출원 중인 직무발명에 대하여 특허를 받을 수 있는 권리의 처분에 따라 1회계연도 내에 발생한 수입금의 합계액을 말한다.

6. "발명자"란 직무발명을 한 공무원을 말한다.

[전문개정 2010. 7. 26]

제2조의2(적용 제외) 이 영은 「기술의 이전 및 사업화 촉진에 관한 법률」 제11조제1항 후단에 따른 전담조직이 설치된 국·공립학교 교직원의 직무발명에 대해서는 적용하지 아니한다.

[전문개정 2010. 7. 26]

제3조(업무의 관장) ① 특허청장은 직무발명 및 국유특허권에 관하여 다음 각 호의 업무를 관장한다.

1. 직무발명의 장려

2. 직무발명에 대한 보상

3. 국유특허권의 처분·관리

4. 국유특허권의 활용 촉진

② 발명기관의 장은 직무발명에 관하여 다음 각 호의 업무를 관장한다.

1. 제4조제1항에 따른 직무발명의 국가승계

2. 제4조제1항에 따라 국가승계한 직무발명의 국내외 특허출원

3. 특허출원 중인 직무발명에 대하여 특허를 받을 수 있는 권리의 처분·관리

[전문개정 2010. 7. 26]

제3조의2(업무의 위탁) ① 특허청장은 「발명진흥법」 제56조에 따라 제3조제1항제3호의 국유특허권의 처분·관리 업무를 특허청장이 지정하는 기관에 위탁할 수 있다. 이 경우 그 업무를 위탁받는 기관(이하 "수탁기관"이라 한다)이 그 국유특허권의 발명기관의 장이 아닌 경우에는 해당 발명기관의 장과 협의하여야 한다.

② 특허청장은 제1항에 따라 제3조제1항제3호의 국유특허권의 처분·관리 업무를 위탁한 경우에는 수탁기관의 명칭 및 위탁업무의 범위 등에 관한 사항을 관보 및 인터넷 홈페이지 등에 공고하여야 한다.

[본조신설 2010. 7. 26]

제4조(직무발명의 국가승계) ① 국가는 「발명진흥법」 제10조제2항 본문에 따라 직무발명에 대하여 특허를 받을 수 있는 권리 및 특허권을 승계(이하 "국가승계"라 한다)한다. 다만, 분쟁 중이거나 국가승계가 적당하지 아니하다고 인정되는 경우에는 그러하지 아니하다.

② 직무발명이 발명자와 제3자가 공동으로 한 것인 경우 국가는 그 발명자가 가지는 지분만을 승계한다.

③ 제1항에 따라 국가승계하는 권리에는 직무발명에 대하여 외국에 출원하여 특허를 받을 수 있는 권리와 외국에서 받은 특허권을 포함한다.

[전문개정 2010. 7. 26]

제5조(발명의 신고) 공무원이 자기가 맡은 직무와 관계되는 발명을 한 경우에는 지체 없이 그 내용을 지식경제부령으로 정하는 바에 따라 발명기관의 장에게 신고하여야 한다.

[전문개정 2010. 7. 26]

제6조(직무발명의 승계결정) ① 제5조 및 제8조제2항에 따라 신고를 받은 발명기관의 장은 그 발명이 직무발명에 속하는지 여부와 해당 직무발명에 대한 국가승계 여부를 결정하여야 하며, 그 결과를 해당 공무원에게 서면으로 통지하여야 한다.

② 발명기관의 장으로부터 국가승계 결정의 통지를 받은 발명자는 지체 없이 그 직무발명에 대하여 특허를 받을 수 있는 권리 또

는 특허권을 국가에 양도하여야 한다.

[전문개정 2010. 7. 26]

제7조(국가승계 발명의 출원) ① 발명기관의 장은 제6조제2항에 따라 특허를 받을 수 있는 권리를 양도받았을 때에는 지체 없이 발명기관의 장을 부기하여 국가 명의로 특허출원을 하여야 하며, 그 발명의 내용을 판단하여 외국에 출원할 것인지를 결정하여야 한다.
② 발명기관의 장이 제1항에 따라 국내 또는 외국에 특허출원을 한 경우에는 그 사실을 발명자에게 통보하여야 한다.

[전문개정 2010. 7. 26]

제8조(발명자의 출원) ① 발명자는 제6조제1항에 따라 국가승계를 하지 아니한다는 결정의 통지를 받지 아니하고는 직무발명에 대하여 자기의 명의로 특허출원을 할 수 없다. 다만, 그 발명이 자기가 맡은 직무와 관계되는 발명에 해당되지 아니하는 경우에는 그러하지 아니하다.
② 제1항 단서에 따라 특허출원을 한 경우에는 제5조에 준하여 신고하여야 한다.

[전문개정 2010. 7. 26]

제9조(특허권의 등록) ① 발명기관의 장은 특허권을 국가승계하거나 특허출원 중인 직무발명이 특허결정되었을 때에는 지체 없이 지식경제부령으로 정하는 서류를 첨부하여 특허청장에게 특허권의

등록을 요청하여야 한다.

② 특허청장은 제1항에 따른 등록 요청을 받았을 때에는 다음 각
호와 같이 국가 명의로 특허권의 등록을 하여야 한다.

1. 특허권자: 대한민국

2. 관리청: 특허청장

3. 승계청: 발명기관의 장

[전문개정 2010. 7. 26]

제9조의2(국유특허권의 포기) 특허청장이 「발명진흥법」 제10조제4항
에 따라 국유특허권을 포기하려는 경우에는 발명기관의 장과 관
계기관의 장의 의견, 국유특허권 실시 이력, 기술평가 결과 및 국
유특허권의 존속기간 등을 고려하여야 한다.

[본조신설 2010. 7. 26]

제10조(처분의 원칙) ① 국유특허권의 처분은 통상실시권의 허락을
원칙으로 한다. 다만, 통상실시권을 받으려는 자가 없거나 특허
청장이 특히 필요하다고 인정하는 경우에는 국유특허권을 매각하
거나 전용실시권을 설정할 수 있다.

② 국유특허권의 처분은 유상으로 한다. 다만, 다음 각 호의 어느
하나에 해당하는 경우에는 무상으로 할 수 있다.

1. 농어민의 소득 증대, 수출 증진, 그 밖의 국가시책 추진을 위
   하여 특허청장이 특히 필요하다고 인정하는 경우

2. 국가기관의 장(발명기관의 장을 포함한다. 이하 이 조에서 같

　　다)이 공공의 목적을 위하여 특허청장의 승인을 받아 국유특허
　　　권을 직접 실시하려는 경우

　③ 국가기관의 장이 제2항제2호에 따라 무상실시의 승인을 받으
려면 지식경제부령으로 정하는 승인신청서를 특허청장에게 제출
하여야 한다.

[전문개정 2010. 7. 26]

제11조(처분의 방법 등) ① 국유특허권에 대한 통상실시권의 허락은
수의계약의 방법으로 한다.

　② 국유특허권의 매각 및 그 전용실시권의 설정은 경쟁입찰의 방
법으로 한다. 다만, 다음 각 호의 어느 하나에 해당하는 경우에는
수의계약의 방법으로 할 수 있다. 〈개정 2010. 11. 15〉

1. 국유특허권의 특허내용상 그 실시에 특정인의 기술이나 설비
　 가 필요하여 경쟁입찰을 할 수 없는 경우

2. 「공공기관의 정보공개에 관한 법률」 제9조제1항제1호 및 제2
　 호를 준용하여 국가기관의 행위를 공개하지 아니할 필요가 있
　 는 경우

3. 전용실시권의 설정을 받은 자에게 그 국유특허권을 매각하는
　 경우

4. 전용실시권의 설정기간이 만료된 후 그 전용실시권자가 계속
　 실시할 필요가 있다고 인정되어 재계약을 하는 경우

5. 천재지변이나 전시·사변 또는 그 밖에 이에 준하는 경우로서
　 경쟁입찰을 할 여유가 없는 경우

6. 「공공기관의 운영에 관한 법률」 제4조에 따라 지정된 공공기관 중 정부가 납입자본금의 5할 이상을 출자한 공공기관의 보호·육성을 위하여 그 공공기관에 필요한 국유특허권을 처분하는 경우. 다만, 「한국산업은행법」에 따른 한국산업은행, 「중소기업은행법」에 따른 중소기업은행, 「한국수출입은행법」에 따른 한국수출입은행 및 「은행법」 제2조 및 제5조에 따른 은행에 대해서는 적용하지 아니한다.

7. 2회 이상 유찰(流札)되거나 낙찰자가 계약을 체결하지 아니하는 경우

③ 국유특허권의 처분에 관하여 그 밖에 필요한 사항은 지식경제부령으로 정한다.

[전문개정 2010. 7. 26]

제12조(의견청취 등) 특허청장은 제10조에 따라 국유특허권을 처분하려는 경우에는 예정가격 결정, 무상실시 기간 및 무상실시 조건 등에 관하여 발명기관의 장 및 관계기관의 장의 의견을 들어야 하며, 발명기관의 장에게는 국유특허권의 처분을 위한 예정가격 산정에 필요한 자료의 제출을 요구할 수 있다.

[전문개정 2010. 7. 26]

제13조(특허권등록 전의 처분) ① 발명기관의 장은 특허출원 중인 직무발명에 대하여 필요한 경우 국유특허권으로 등록되기 전이라도 그 직무발명에 대하여 특허를 받을 수 있는 권리를 처분할 수 있다.

② 제1항에 따른 직무발명에 대하여 특허를 받을 수 있는 권리의 처분에 관하여는 제10조부터 제12조까지의 규정을 준용한다.

[전문개정 2010. 7. 26]

제14조(처분결과의 통지) ① 특허청장이 국유특허권을 처분하였을 때에는 그 내용과 제17조에 따른 처분보상금의 지급에 관한 사항을 발명기관의 장에게 통지하여야 한다.

② 제1항의 통지를 받은 발명기관의 장은 그 내용을 발명자 또는 그 상속인에게 통지하여야 한다.

③ 제13조에 따라 발명기관의 장이 특허출원 중인 직무발명에 대하여 특허를 받을 수 있는 권리를 처분하거나 수탁기관의 장이 국유특허권을 처분하였을 때에는 그 내용을 특허청장에게 통지하고 그 처분에 따른 대금의 수납 및 보상금의 지급을 요청하여야 한다.

[전문개정 2010. 7. 26]

제15조(처분대금의 처리) 국유특허권 및 특허출원 중인 직무발명에 대하여 특허를 받을 수 있는 권리의 처분대금은 「책임운영기관의 설치·운영에 관한 법률 시행령」 제23조제1항 및 별표 4에 따른 책임운영기관특별회계의 특허청계정의 세입(歲入)으로 한다.

[전문개정 2010. 7. 26]

제16조(등록보상금) ① 특허청장은 국유특허권에 대하여 각 권리마다 50만원을 등록보상금으로 발명자에게 지급하여야 한다.

② 제1항에 따른 등록보상금은 동일한 직무발명에 대하여 한 번만 지급하여야 한다.

[전문개정 2010. 7. 26]

제17조(처분보상금) ① 특허청장은 국유특허권 또는 특허출원 중인 직무발명에 대하여 특허를 받을 수 있는 권리를 유상으로 처분한 경우에는 그 처분수입금의 100분의 50에 해당하는 처분보상금을 발명자에게 지급하여야 한다.

② 특허청장은 국유특허권 또는 특허출원 중인 직무발명에 대하여 특허를 받을 수 있는 권리를 무상으로 처분한 경우에는 이를 유상으로 처분할 경우의 처분수입금에 상당하는 금액의 100분의 50에 해당하는 금액을 처분보상금으로 발명자에게 지급하여야 한다.

[전문개정 2010. 7. 26]

제18조(기관포상금 등) ① 특허청장은 국유특허권 또는 특허출원 중인 직무발명에 대하여 특허를 받을 수 있는 권리를 유상으로 처분한 경우에는 그 처분수입금을 기준으로 하여 다음 각 호의 구분에 따른 기관포상금을 발명기관의 장에게 지급하여야 한다.

1. 처분수입금이 1천만원 초과 5천만원 이하인 경우: 100만원

2. 처분수입금이 5천만원 초과 1억원 이하인 경우: 500만원

3. 처분수입금이 1억원을 초과하는 경우: 1천만원

② 특허청장은 수탁기관의 장이 국유특허권을 유상으로 처분한 경우에는 그 처분수입금의 100분의 17.5에 해당하는 금액을 수탁

기관의 장에게 지급하여야 한다.

[전문개정 2010. 7. 26]

제19조(보상금 등의 지급) ① 제16조부터 제18조까지의 규정에 따른 등록보상금, 처분보상금 및 기관포상금 등은 「책임운영기관의 설치·운영에 관한 법률 시행령」 제23조제1항 및 별표 4에 따른 책임운영기관특별회계의 특허청계정의 예산에서 지급하며, 그 지급시기는 다음 각 호의 구분에 따른다.

1. 제16조에 따른 등록보상금: 국유특허권으로 등록한 연도 또는 그 다음 연도
2. 제17조제1항에 따른 처분보상금 및 제18조에 따른 기관포상금 등: 처분수입금이 납부된 연도 또는 그 다음 연도
3. 제17조제2항에 따른 처분보상금: 무상처분을 한 연도 또는 그 다음 연도

② 등록보상금 또는 처분보상금을 받을 수 있는 발명자가 2명 이상인 경우에는 그 지분에 따라 각각 분할하여 지급하여야 한다.

③ 등록보상금 및 처분보상금은 발명자가 전직하거나 퇴직한 경우에도 지급하여야 하며, 발명자가 사망한 경우에는 그 상속인에게 지급하여야 한다.

[전문개정 2010. 7. 26]

제20조(보상금 등의 반환) 발명자 또는 그 상속인이 받은 등록보상금 및 처분보상금과 발명기관의 장 또는 수탁기관의 장이 받은 기관

포상금 등은 특허가 취소되거나 무효로 된 경우에도 반환하지 아니한다. 다만, 「특허법」 제133조제1항제2호에 따른 사유로 해당 특허가 무효로 된 경우에는 그러하지 아니하다.

[전문개정 2010. 7. 26]

제21조(발명자 등의 의무) ① 발명자 또는 발명기관의 장은 국유특허권 또는 특허출원 중인 직무발명에 대하여 특허를 받을 수 있는 권리를 처분한 경우 그 상대방이 그 발명의 실시를 위하여 필요로 하는 사항에 대해서는 특별한 사유가 없으면 협력하여야 한다.

② 발명자, 발명기관의 장 및 직무발명에 관계되는 일에 종사하는 사람은 해당 직무발명의 출원 시까지 그 발명의 내용에 대하여 비밀을 유지하여야 한다.

[전문개정 2010. 7. 26]

제22조(실용신안 및 디자인에 관한 준용) ① 직무에 관한 실용신안 및 디자인의 고안에 관하여는 이 영을 준용한다.

② 제1항의 경우 제16조에 따른 등록보상금은 다음 각 호의 구분에 따른 금액으로 한다.

1. 실용신안권: 각 권리마다 30만원

2. 디자인권: 각 권리마다 20만원

[전문개정 2010. 7. 26]

제23조(외국에서 취득한 특허권 등에 관한 준용) 직무발명에 대하여

외국에서 취득한 특허권 및 외국에 특허출원 중인 직무발명에 대
하여 특허를 받을 수 있는 권리의 처분·관리 및 그 보상 등에 관
하여는 제10조부터 제20조까지의 규정을 준용한다.
[전문개정 2010. 7. 26]

직무발명 관련
저자의 글

1. 인간 그리고 인간의 이기심
2. 대통령 당선자의 경제이념과 직무발명보상제도의 관계

1. 인간 그리고 인간의 이기심

– 최승재 변호사의 '직무발명의 귀속과 유인동기의 설계'에 대한 반론

1. 직무발명은 궁극적으로 기업에 귀속한다는 주장에 대하여

이러한 주장은 사실과는 동떨어진 주장이다. 직무발명에 관하여 사용자주의(직무발명은 원시적으로 사용자에게 귀속한다는 원칙)를 채택하는 경우는 찾아보기 힘들고 대부분의 국가는 발명자주의를 채택하고 있다(이재성, 〈직무발명에 관한 연구〉 한남대학교 박사학위논문, 2002. 8. p. 15). 그리고 궁극적으로도, 직무발명이 계약에 의하여 사용자에게 양도될 수도 있고, 종업원이 계속 권리를 보유할 수도 있는 것이지, 모두가 사용자에게 귀속하는 것은 아니다. 구체적으로 살펴보면 일본은 최 변호사도 언급한 것처럼 우리나라와 거의 동

---

* 이 글은 〈법률신문〉 2002년 12월 5일자 최승재 변호사의 '직무발명의 귀속과 유인동기의 설계'에 대하여 반론한 〈법률신문〉 2003년 2월 13일자 필자의 글을 일부 수정한 것이다.

일한 법제로서 발명자주의이다. 미국 역시 철저한 발명자주의로서, 직무발명은 원칙적으로 발명자에 귀속한다. 특허출원 시 발명자가 출원인이 되어야 하는 것으로 규정하고 있으며, 단지 출원과 동시에 발명자가 양도인이 되고, 발명자의 서명을 통한 양도행위에 의하여 기업이 양수인이 될 수는 있다. 즉 미국에는 출원 전에 '특허를 받을 수 있는 권리'를 기업에 양도하는 제도가 없다. 미국에서는 이러한 발명자주의원칙이 지배하므로, 사용자에게 권리가 귀속하게 되는 것은 오로지 계약에 의한 권리이전에 의하여서이다.

일반적인 고용의 법리와 달리 발명의 경우 종업원 발명자에게 귀속시키는 이유는, 다른 노동의 성과물과는 달리 '발명자 개인의 정신적 노력이 강력히 작용한다는 특수성' 때문이다.

2. 기업의 유인은 특허를 소유하는 데에 있다는 주장에 대하여

최 변호사 글의 결정적 오류는 여기에 있다고 본다. 기업의 목적지는 특허의 소유이고, 따라서 어차피 근로자가 양도하여 기업의 것으로 될 발명을 왜 처음부터 기업의 소유로 하지 않느냐는 주장이 최 변호사의 주장이다. 그러나 기업의 목적지는 특허의 소유가 아니라 이윤의 추구이다. 이는 아래와 같은 사실로부터 알 수 있다. 과거 특허출원 실적경쟁을 위하여 연말에 많은 출원을 하는 기업들이 있었다. 연간 출원건수를 회사 홍보자료로 활용함으로써 영업을 촉진하여 보다 많은 이윤을 추구하기 위해서였다. 하지만 이러한 기업의 경우, 재정적 어려움에 처하면 출원중인 발명들에 대하여 일괄적으로 그 권리를 포기해 버리는 경우가 생긴다. 즉 기업의 목적지는 특허의 소유가 아니다. 어떠한 특허도 이윤추구에 배치되면 아무런 소용이 없으며, 그 권리를 죽여 버리기까지 한다. 기업의 목적지를 특허의 취득으로 보면 현행 발명자주의가 우회로이나, 기업의 목적지를 이윤의 추구로 보면 현행 발명자주의는 사용자주의에 비해 우회로가 아닌 것이 된다.

3. 행복의 병립 가능성에 대하여

최 변호사는 발명에 대하여 기업에게 소유권을 주고 발명자에게는 적절한 보상을 주는 방법을 취함으로써 양자가 행복하다고 한다. 그러나 아래에서 살펴보겠지만 우리나라 현재의 법제에서는 보상이 제대로 이루어지지 않으므로, 사용자주의를 취하면 근로자에게는 돌아오는 것이 없어 근로자는 매우 불행해진다. 행복이 병립 가능하려면, 발명자에게 인센티브를 주어 발명의욕을 고취시켜 산업발전을 도모하고, 그 산업발전의 결과물을 적절히 노사가 분배받아야 한다. 직무발명의 경우 근로자가 사용자에 대하여 수익의 절반을 요구하는 것도 아니다. 약 15% 정도면 납득할 만한 수준인데도 이 역시 사용자의 강한 반발에 부닥친 바 있음은 아래에서 보는 바와 같다.

4. 보상의 문제가 중요하며, 사용자주의를 채택하여 우회로를 피하자는 주장에 대하여

'직무발명에 대한 보상이 중요하고, 사용자주의–발명자주의 문제는 우회로를 피하고 기업의 유인동기를 위하여 사용자주의로 하자'는 것이 최 변호사 주장의 핵심이다. 그렇다. 보상의 문제가 중요하다. 보상의 문제는 다름 아닌 '보상의 크기의 문제'이다. 보상의 크기의 관점에서 볼 때, 발명자에게 발명을 귀속시킨 후 직무발명의 양도대가로서 지급하는 보상금의 크기와, 직무발명을 사용자에게 원시적으로 귀속시키고 발명자에게 그 보상을 하는 경우를 비교하면, 전자가 후자보다 클 것임은 두말할 필요도 없다. 그리고 직무발명에 대하여 근로자들이 보상금의 청구를 거의 하지 않고 있으며, 워낙 기업이 직무발명보상에 대하여 소극적으로 대응하며 적은 금액의 보상만을 하는 현실에서, 사용자주의를 취하면 종업원 발명자는 그야말로 힘을 잃게 될 것이다. 직무발명의 보상현실에 대하여 현행 법제와 실태를 아래에서 살펴보고자 한다. 특허법 40조 (직무발명에 대한 보상) 2항은 아래와 같다.

제1항의 규정에 의한 보상의 액을 결정함에 있어서는 그 발명에 의하여 사용자 등이 얻을 이익의 액과 그 발명의 완성에 사용자 등 및 종업원 등이 공헌한 정도를 고려하여야 한다. 이 경우 보상금의 지급기준에 관하여 필요한 사항은 대통령령 또는 조례로 정한다. 〈개정 2001. 2. 3〉

그런데 특허법 40조 2항의 대통령령은 아직 제정되지 않고 있다. 특허법 40조 2항은 2001년 2월 3일에 개정되었는데, 개정되기 전 40조 2항은 "제1항의 규정에 의한 보상의 액을 결정함에 있어서는 그 발명에 의하여 사용자 등이 얻을 이익의 액과 그 발명의 완성에 사용자 등이 공헌한 정도를 고려하여야 하며, 종업원 등이 정당한 결정방법을 제시한 때에는 이를 참작하여야 한다."라고 규정하고 있었다. 이후 위 개정법에 따라 특허청에서 대통령령의 입법을 추진하였고, 그 입법안으로서 "수익(매출이 아님)의 15%를 보상금으로 지급한다"는 안을 마련하였으나, 삼성전자, 현대자동차 등의 대기업과 전경련 등의 집중적인 전화로비에 좌절한 바 있다. 특허청 관계자는 "시행령 내용이 공개된 뒤 전경련과 삼성전자, 현대자동차 측에서 특허청에 계속 전화를 걸어 압력에 가까운 청탁을 넣었다."며 "결국 산자부도 재계의 압력에 꺾이고 말았다."고 전했다(〈경향신문〉 2002년 9월 24일자 보도).

시행령의 제정에 대하여 대기업 등이 강력한 제동을 거는 이러한 현실에서 사용자주의가 옳다는 주장은 사용자에 편중된 이데올로기로 보인다. 위와 같이 시행령 제정이 좌절된 이후, 보상금 지급기준의 시행령 제정은 제대로 추진이 되지 못하고 있는 실정이다. 한편 당시 법개정자들은 큰 실수를 범하였다. 보상기준에 대한 시행령을 함께 제정하여 법개정을 하여야 하는데, 법률만 개정해 놓고 시행령이 제정되지 않아 오히려 혼란만 초래된 것이다.

5. 인간의 이기심

공산주의 사회의 붕괴 등을 볼 때 인간의 이기심만이 모든 유인동기임을 알 수 있다. 기업은 이윤추구를 위하여, 개인근로자는 임금 등의 수익창출을 위하여, 자영업자 역시 자신의 수익을 위하여 행동한다. 종업원발명의 경우 그 보상을 제대로 해 주어야 발명자의 발명의욕을 고취시킬 수 있다. 우리나라 산업발전 역시 인간의 이기심이라는 유인동기를 자극할 수밖에 없다. 이공계의 위축은 우리나라 산업현실에서 매우 심각한 문제이다. 이공계를 살리는 길 역시 발명자에 대하여 보상을 제대로 해 주는 길밖에 없다. 발명 하나 잘 하면 최소 수십억 내지 수백억 이상을 벌 수 있다면 비로소 이공계는 활성화될 것이다. 인간의 이기심을 자극하여 발명자의 발명의욕을 고취시키고, 직무발명이 많은 수익을 회사에 가져다주면, 그중 15% 정도를 발명자에게 보상하여도 회사 또한 많은 이윤을 올릴 수 있어, 노사 양자는 그야말로 행복해질 수 있는 것이다.

6. 결론

노사관계에서 노 혹은 사를 일방적으로 근시안적으로 편드는 것이 반드시 그 일방을 이롭게 하는 것은 아니라고 생각한다. 필자가 제시하는 방법은 "발명자의 발명의욕을 고취시키고, 직무발명이 일정한 수익을 회사에 가져다주면, 그중 15% 정도를 발명자에게 보상하여도 회사 또한 많은 이윤을 올릴 수 있어 노사 양자는 그야말로 행복해질 수 있다는 것"이다. 최 변호사는 현재 삼성SDI 소속 변호사이고 필자는 개업변호사이다. 최 변호사는 기업에 단편적으로 유리하게 보이는 논리를 구성하려 하지 말고, 보다 근본적으로 기업에 이익이 되는 방향으로 나아가야 할 것이다. 현대는 개인의 이익을 추구하고 인간의 이기심을 충족시키는 방향으로 가고 있다. 이 대세를 거스를 수는 없다. 이 방향을 전제한다면, 먼저 직무발명에 대한 보상제도를 확실하게 해놓고, 그러한 보상체계가 원활히 작동하게 된 수십 년 이후에나 사용자주의를 거론한다면, 그 때 가서 다시 생각해볼 수는 있을 것이다.

2. 대통령 당선자의 경제이념과 직무발명보상제도의 관계

1. 서론

2007년 12월경 기업 총수들과 대통령 당선자가 회동했다. 이 회동에서 기업 총수들은 2008년에 투자를 늘릴 것을 언급했다고 한다. 그동안 한국경제는 기업이 투자를 하지 않고 노동조합운동은 교착상태에 빠져 있어 우리 국민의 삶 전체가 동력을 잃고 무기력에 빠져 있었다. 필자는 주요한 경제 주체인 기업과 근로자 모두에게 새로운 동력, 또는 동기를 부여할 수 있는 훌륭한 방법으로 직무발명보상제도에 착안했다.

2. 직무발명보상제도

종업원 발명자가 완성한 직무발명을 기업에 양도하면 양도의 대

---

* 이 글은 〈법률신문〉 2008년 1월 29일자에 실렸던 글을 일부 수정한 것이다.

가를 청구할 수 있는데, 이를 '직무발명보상금제도(구특허법 및 2006년 9월 4일부터 적용되는 발명진흥법이 명문으로 법정청구권을 규정)'라 한다. 한국의 집단적 노사관계는 근로자 측의 집단적 교섭력에 의해 일률적으로 모든 근로자의 임금 등이 상승함으로써 개인 근로자의 능력은 무시되었고, 일정 정도 사회주의적 분배 구조의 성격을 띠었다. 이는 기업의 인건비 부담 가중, 파업에 의한 손실 등으로 연결되었고, 기업은 노사문제로 인해 경영상 애로가 있다고 호소하기에 이르렀다. 직무발명양도의 대가를 인정하는 것은 근로자 개개인의 창의적 노력과 생산성을 평가해서 이를 인정하는 제도의 하나다. 전통적인 임금제도와 병행해 직무발명제도를 정비하고 그 운용을 합리적으로 한다면 근로자 개개인의 창의적 노력과 생산성에 대한 평가와 이에 대한 보상이 적절히 이루어질 수 있다. 이는 근로자 개개인의 동기를 유발하고, 기업은 투쟁주의가 지배하는 노동운동의 부담으로부터 자유롭게 되며 큰 발명으로 인해 수익을 얻을 수 있어, 결국 한국경제의 발전으로 귀결될 수 있다고 본다.

3. 근로자 개개인의 창의적 노력과 생산성에 대한 평가

앞으로 우리나라 경제는 과학기술의 연구개발 분야가 가장 큰 비중을 차지할 것(대통령 당선자의 과학비즈니스벨트 구상)이며, 이 분야 근로자의 창의적 노력과 생산성에 대한 반대급부는 현행 직무발명보상금제도가 핵심이다. 그리고 현재 발명자들에게만 보상금 혜택이 주어지는 제도를 보완해서 발명을 지원한 팀에게도 일정 정도의 보상금을 지급함으로써 제도적으로 보상의 범위를 넓히는 방법이 강구되면 좋을 듯하다. 한편 생산직 근로자는 직접 생산 현장에 근무함으로써 축적된 노하우를 기초로 훌륭한 발명을 할 수 있는 잠재력을 가지므로, 생산직 근로자가 발명을 할 수 있는 환경을 조성하는 것도 중요하다고 본다. 그리고 생산직 근로자가 발명 전의 아이디어 제안 활동을 한 경우, 이에 대한 응분의 평가와 보너스 지급(생산직 근로자의 제안이 발명으로 연결되어 수익이 발생하거나, 발명까지 연결되지 않고 개량기술에 머물더라도 수익 발생 시, 제안 활동을 수행한 생산직 근로자에게 상당한 금액의 보상을 하는 제도)을 하는 방법을 채택하면 좋을 것이다. 또한 사무직·영업직 근로자의 경우에도 일반적인 생산성 내지 실적 평가를 통해 보너스를 지급하는 방법을 채택할 수 있다.

위와 같은 생산성 평가를 갑자기 지나치게 엄격하게 하면 진통이 따르므로, 일정한 시간을 두고 서서히 변화시켜 나가는 것이 필요하며, 일정한 수준의 기본급여를 보장하는 전통적 임금제도와 병행해야 할 것이다.

4. 대통령 당선자의 경제이념과 직무발명보상제도의 관계

2008년부터 새로운 정부의 경제 분야에서 강조되는 이념은 '기업 친화 및 법치주의'라고 한다.

대한민국 헌법 전문 중에는 "자유민주적 기본질서를 더욱 확고히 하여 정치·경제·사회·문화의 모든 영역에 있어서 각인의 기회를 균등히 하고, 능력을 최고도로 발휘하게 하며, 자유와 권리에 따르는 책임과 의무를 완수하게 하여, 안으로는 국민생활의 균등한 향상……"이라는 구절이 있다. 그리고 헌법 22조 2항은 '발명가의 권리는 법률로써 보호' 할 것을 규정하고 있고, 23조에서 '모든 국민의 재산권은 보장' 되고, 119조에서는 '대한민국의 경제질서는 개인과 기업의 경제상 자유와 창의를 존중함을 기본으로 한다' 고 규정해, 발명자 및 기업의 자유로운 경제활동을 보호하고 있다. 이상으로부터 기업친화 및 법치주의는 대한민국 헌법의 기본정신이며 지고의 가치를 지닌다. 그리고 위에서 보듯이 직무발명보상제도는 각인의 능력을 최고도로 발휘하게 하는 제도이자, 투쟁적 노동조합주의에 의한 사회주의적 분배가 아닌 능력에 따른 보상을 중시하는 제도이므로, 기업친화 및 법치주의 이념에 잘 부합한다고 본다.

　법치주의 및 직무발명보상제도와 관련해 각 경제 주체들은 아래와 같은 역할을 수행해야 할 것으로 생각한다. 우선 노동조합은 직무발명보상제도에 의해 자신의 비중이 낮아질 것을 우려할 일이 아니라 노동조합과 직무발명보상제도의 양자는 조화롭게 발전하도록 해야 할 것이다. 노동조합의 주요한 업무 중 하나가 추후 직무발명보상과 관련한 단체협약의 체결·갱신 등이 될 수도 있다. 그리고 기업으로서는 근로자 각인의 능력을 최고도로 발휘하게 할 수 있는 여러 방책들을 고민할 필요가 있으며, 당장의 보상금 지급을 아까워하는 근시안적 사고방식은 지양해야 할 것이다. 한국의 근로자들은 과거 1970~1980년대의 성장우선주의 아래 희생과 고통을 겪어 아직 그 기억을 말끔히 지우지 못한 측면이 있으므로, 기업은 이러한 점을 감안해서 조화롭게 근로자의 창의성을 발휘하게 하는 동력을 추구해야 할 것이다.

　법정청구권인 직무발명보상금 청구권과 관련한 제도를 준수하고 이를 발전시켜 나가는 것은 법치주의의 발전이다. 이를 위해서는 대한민국 법원의 파워가 좀 더 커져야 할 것으로 생각한다. 최근 대기업이 직무발명의 보상에 적극적으로 임하는 경우가 보도되기도 했으나, 상당수의 직무발명보상금 청구소송에서 피고인 대기업측은 보상금지급에 소극적이다. 그리고 발명으로 인한 수익 관련 자료 등의 증거가 기업 측에 편재되어 있는 직무발명보상금 소송의 특수성에도 불구하고, 기업 측이 증거 제출에 비협조적인 경우가 있다. 우리나라도 미국처럼 사법부의 파워가 강력해지고 증거개시제도 등이 발달하기를 바라며, 이는 제도적 개선 및 법원 스스로의 노력으로 이루어나갈 수 있을 것이라고 본다.

필자는 직무발명보상금 청구소송의 구조가 승자독식 내지 패소자가 패배의 위험을 전부 부담하는 구조는 아니라고 보며, 근로자 발명자에게 많은 보상이 지급될 수 있다는 것은 기업 측에도 큰 이익과 발전이 동반하는 상생의 구조라고 인식하고 있다. 그리고 가장 중요한 문제인 보상금의 규모가 어떻게, 얼마로 결정되는 것이 노사 모두가 완전히 승복할 수 있는 해답인지에 대해 많은 연구가 필요하다고 생각한다.

5. 결론

결론적으로 직무발명보상제도는 '인간 개인의 능력을 중시하고 이를 정당하게 평가해 주는 시스템을 구축해서 근로자 개인의 창의력·생산성을 향상시킴으로써, 기업이 안정된 법치주의 하에서 훌륭히 영업활동을 할 수 있는 제도'라고 본다. 국민 모두가 이러한 점을 자각하여 노력하면 우리나라 경제발전에 훌륭한 성과를 가져올 것이라 확신한다.

1. 2004년 1월 30일 도쿄지재 헤이세이 13년(2001) 17772 특허권지분확인 등 청구사건의 판결문 일부를 번역해서 인용.

2. 일명: 404 특허(일본특허번호: 2628404호, 1997. 4. 18. 등록).

3. 이 규정의 문장은 잘못된 것이라고 생각한다. '자연법칙을 이용한' 이 수식어임은 명확한데, '기술적 사상' 을 꾸미는지 '창작' 을 꾸미는지 모호하다. '자연법칙을 이용하며, 창작성이 있는 기술적 사상 중 고도의 것' 이 올바른 표현이라고 생각한다.

4. Stephen A. Becker, *Patent Applications HandBook*(WEST GROUP, 2000), p. 139.

5. 나가노 치카시(永野周志), 《기업과 연구자를 위한 직무발명핸드북》(경제산업조사회, 2009), p. 15.

6. 정상조 · 박성수 공편, 《특허법 주해 I》(박영사, 2010), p. 36. 김관식 저술부분.

7. The definition of 'technology' is the "application of science and engineering to the development of machines and procedures in order to enhance or improve human conditions, or at least to improve human

efficiency in some respect." Computer Dictionary 384(Microsoft Press, 2d ed. 1994).

8. 吉藤幸朔, 《特許法槪說(13판)》(有斐閣, 1998), pp. 56~57.

9. 東京高判昭38.9.26.取消集昭38~39년 p. 395(原子力發生裝置事件), 吉藤幸朔, 앞의 책, p. 62에서 재인용.

10. 吉藤幸朔, 앞의 책, p. 65에서는 이를 일본에서의 정설이라고 한다.

11. 정상조 · 박성수 공편, 앞의 책, pp. 302~303에는 "신규성 · 진보성은 특허요건이 아니라 특허장애사유라고 보는 것이 더 합리적이다. 양자의 차이는 입증책임의 분배 측면에서 현저한 차이를 가져온다."는 박성수 견해가 있다.

12. 오승종 · 이해완, 《저작권법》(박영사, 1999), pp. 20~21.

13. 《특허법》(사법연수원, 1998), pp. 54, 59~64.

14. 특허법원 지적재산소송실무연구회, 《지적재산소송실무》(박영사, 2006), pp. 94~95.

15. 정상조 · 박성수 공편, 앞의 책, pp. 303~310.

16. '기술분야의 불문' 견해와는 반대로, 기술이라는 것은 그 기술분야를 떠나서는 가치를 논하기 어려운 것이니 기술분야의 관련성을 어느 정도 가져야 함을 주장하는 박성수 견해가 있다(정상조 · 박성수 공편, 앞의 책, pp. 312 이하).

17. 특허법원 지적재산소송실무연구회, 앞의 책, pp. 102~103.

18. 신규성을 부인한 경우도 있다. 특허법원 지적재산소송실무연구회, 앞의 책, p. 102.

19. 정상조 · 박성수 공편, 앞의 책, p. 358. 조영선 저술 부분. 위 내용을 판시한 대법원 2003. 1. 10. 선고 2001후2269 판결 외 다수가 있다.

20. 정상조 · 박성수 공편, 앞의 책, pp. 303~310. 박성수 저술 부분.

21. 이재성, 〈직무발명에 관한 연구〉(한남대학교 박사학위논문, 2002. 8), p. 23.

22. 일본 《직무발명 핸드북》(발명협회, 2000), pp. 9 이하 참조.

23. 같은 책, p. 13.

24. 정상조, 〈대학교수의 특허권〉, 《법조》(법조협회, 2000. 5.), p. 97.

25. 대부분의 나라가 발명자주의를 채택하고 있으나 영국 등은 사용자주의를 채택하고 있다.

26. 이 단계가 출원 후, 등록 후 등으로 미루어지는 경우가 있을 수 있다.

27. 미국특허의 발명자주의: 미국의 특허출원인은 반드시 발명자여야 함이 우리나라 특허법과 다르다. 단 가능한 빨리 양수인에게 권리를 이전하려면, 출원인 겸 양도인(assignor)으로서 발명자를 기재하고, 발명에 대한 권리를 양수받은 자를 양수인(assignee)으로 기재하는 방법이 있다. 이 사건에서 V교수는 발명자이므로 미국특허의 출원인이 될 수 있는 강력한 지위를 갖는다.

28. 이에 대한 상세한 소개는 오창국의 〈직무발명에 대한 고찰〉, 《법조》(법조협회, 2002. 8.) pp. 156~157 참조.

29. 직무발명의 완성사실을 통지받은 날로부터 4개월 이내.

30. 등록된 특허권 등에 대하여 법적으로 무효임을 주장하는 방법은 특허심판원에 '무효심판' 을 청구하는 것이다. 특허심판원은 이러한 무효심판청구에 대하여 판정을 하는데 이를 '심결' 이라 한다. 이 심결에 대하여 불복하는 절차가 '심결취소소송' (심결의 취소를 구하는 소)이며, 이 소송은 특허법원 관할이어서 특허법원에 제기하여야 한다.

31. 개정 발명진흥법은 2006년 9월 4일부터 시행되었으므로, 이날 이후 회사에 양도한 발명에 대하여 적용되고, 개정 전에 양도한 발명에 대해서는 구 특허법이 적용된다. 발명의 양도일로부터 수익발생 및 보상금 청구 등에 이르는 데에는 수년이 소요되므로 구 특허법이 적용되는 경우도 있다.

32. 공무원직무발명의 처분·관리 및 보상 등에 관한 규정. 이 규정은 기업의 '직무발명규정' 제정에 참고할 수 있다.

33. 조례는 지방자치단체가 자신의 사무를 규율하기 위하여 자율적으로 제정하는 규범을 말한다.

34. 직무발명보상금은 비과세 대상이다. 소득세법 제12조 (비과세소득) 제5호 라. 참조.

35. 서태환, 〈직무발명의 대가보상에 관하여〉, 《인권과 정의》(2006. 1.), p. 129. 사용자의 특허발명품에 대한 판매실적은 법정의 통상실시권을 가짐에

따른 기한 부분과 독점권에 기해 다른 기업의 제조판매를 금지할 수 있는 부
분의 합계이다.

36. 영업비밀은 부정경쟁방지 및 영업비밀보호에 관한 법률 제2조 제2호에 "공연
히 알려져 있지 아니하고 독립된 경제적 가치를 가지는 것으로서, 상당한 노
력에 의하여 비밀로 유지된 생산방법·판매방법 기타 영업활동에 유용한 기
술상 또는 경영상의 정보"라고 정의하고 있다.

37. 김선정, 〈직무발명보상제도 개선 토론회〉(2004년 3월 26일), p. 29 재인용.
上田道夫, 〈직무발명과 노동법〉, 《민상법잡지》 128권 4~5호(2003), p.
529.

38. 소멸시효는 발명양도일로부터 10년이 원칙이나 소멸시효의 중단 등이 있을
수 있으므로 주의하여야 한다.

39. 독일 보상기준(독일 종업원발명법 제11조)을 일본무역센터 뒤셀도르프에서
번역한 것의 재번역.

40. 3C(필립스, 소니, 파이오니아 등 세 개 회사. C는 company의 약자)풀이 L
전자의 가입으로 4C풀이 되었는데, 세계적 특허풀에 가입할 수 있다는 것은
기술의 우수성을 나타내는 지표라 할 수 있다.

41. '특허풀 가입'이라는 용어는 특허권을 기준으로 하기도 하고, 특허권의 권리
자 회사를 기준으로 사용하기도 한다.

42. 많은 것이 얽혀 있다는 의미로 착종은 전자업종에서 비교적 자주 발생한다.

43. MPEG 4에 대한 2심 판결문에서의 설명: 엠팩(MPEG: Motion Picture
Expert Group)은 국제표준화기구(ISO)와 국제전기위원회(IEC)가 구성한 공
동위원회 산하의 전문 부회(SC29, Sub Committee 29)의 별칭으로 동영상
과 소리의 압축 및 다중화에 관한 표준을 제정하는 동화상 전문가 그룹을 말
한다. 엠팩 4는 기존 엠팩 1, 2에서 쓰던 블록 단위의 변환 부호화 방법을 탈
피하고 영상 내용에 근거하여 영상 신호를 부호화하는 새로운 방법을 추구하
고 있으며 높은 압축률 실현을 목적으로 하는 새로운 규격이다.

44. 각 사건번호와 선고일은 다음과 같다. 제1심 서울동부지방법원 2005가합
15084 손해배상(2008년 10월 17일), 제2심 서울고등법원 2008나106190 손

해배상(2010년 2월 11일), 제3심 대법원 2010다26769 손해배상(2010년 11월 11일).

45. 수학적 해석으로 특허공보에 기재된 공동발명자(예로서 O, P, Q) 간의 기여도 산정 결과 Q의 기여도가 0이면 Q는 발명자가 아니라는 것을 의미한다.

46. 문 33에서 소개된 경우와 동일한 사례.

47. 발명자들의 공헌도를 계산하고 그중 원고의 공헌도를 계산하는 방법이 일반적이지만 이 판례에서는 바로 원고만의 공헌도를 한꺼번에 계산하는 방법을 사용했다.

48. 원고는 피고가 일본 소니사와의 크로스라이센스로 인하여 얻은 이익액에 대하여도 계산할 것을 주장하였다.

49. 키시 노부히토(岸 宣仁), 《발명보수》(중앙공론신사, 2004), pp. viii~ ix(2003. 10. 17. 현재 일본 특허청 홈페이지를 기초로 작성).

50. 엄격히 표현하면 195건 발명. 1심에서는 404 특허 하나에 대한 200억 엔이었으나, 2심의 화해금액은 195건 발명에 대한 금액이다.

51. 이 사건의 제2심은 지적재산고등재판소 '헤이세이22년(네)제10010호 직무발명대가청구항소 사건' 인데, 2010년 8월 31일 항소 및 부대항소를 모두 기각하는 선고가 있었다.

52. 이윤주, 〈직무발명의 법정보상금제도에 관한 비교법적인 고찰〉(2005. 3. 24. 제19회 지식재산권 연구 포럼 발표자료, 한국발명진흥회 지식재산권연구센터).

53. 헨리 코다, "해외특허리포트(미국편)-미국에서의 직무발명", 일본 〈발명통신〉(2002년 10년 1일).

54. 김승군, 〈해외 직무발명제도 운용사례 및 판례연구〉(한국발명진흥회 지식재산권연구센터, 2005), pp. 50 이하.

55. 이재성, 〈직무발명에 관한 연구〉(한남대학교 박사학위논문, 2002. 8.), pp. 90 이하.

56. '특허권자 · 디자인권자' 를 '특허권자' 로 통칭.

57. 종업원은 기업에 비해 보유 정보가 매우 적어 '정보의 비대칭성' 상태에 있으

며, 사실상 무장해제된 상태에서 협상테이블에 임하는 것이다.

58. 비공지성

59. 독립적 경제성

60. 비밀관리성: 경영인의 입장에서는 특히 비밀로서 관리하는 문제에 주의를 기울여서 추후에 영업비밀로 보호받지 못하는 사태를 방지해야 한다.

61. 부정취득행위

62. 나카무라 재판의 최대 쟁점: 기업의 수익이 '1인의 천재'에 의한 것이냐, '집단의 능력'에 의한 것이냐의 문제(시부야 타카히로, 《특허는 회사의 것인가》, 일본경제신문사, 2005. 참조).

참고문헌

1. 국내문헌

김선정, 〈직무발명보상제도 개선 토론회〉, 2004. 3. 26.

김승군, 〈해외 직무발명제도 운용사례 및 판례연구〉, 한국발명진흥회 지식재산권연구센터, 2005.

서태환, 〈직무발명의 대가보상에 관하여〉, 《인권과 정의》, 2006. 1.

오승종·이해완, 《저작권법》, 박영사, 1999.

오창국, 〈직무발명에 대한 고찰〉, 《법조》, 법조협회, 2002. 8.

이윤주, 〈직무발명의 법정보상금제도에 관한 비교법적인 고찰〉(제19회 지식재산권 연구 포럼 발표자료), 한국발명진흥회 지식재산권연구센터, 2005. 3. 24.

이재성, 〈직무발명에 관한 연구〉, 한남대학교 박사학위논문, 2002. 8.

장기표, 《신문명 국가비전》, 밀알, 2007.

정상조·박성수 공편, 《특허법주해Ⅰ·Ⅱ》, 박영사, 2010.

정상조, 〈대학교수의 특허권〉, 《법조》, 법조협회, 2000. 5.

《특허법》, 사법연수원, 1998.

특허법원 지적재산소송실무연구회, 《지적재산소송실무》, 박영사, 2006.

2. 외국문헌

나가노 치카시(永野周志), 《기업과 연구자를 위한 직무발명핸드북》, 경제산업조
　사회, 2009.

니치아화학공업주식회사, 청색발광다이오드소송의 귀결, 《지재관리》, 2005. 5.

시부야 타카히로, 《특허는 회사의 것인가》, 일본경제신문사, 2005.

《직무발명핸드북》, 발명협회, 2000.

키시 노부히토(岸 宣仁), 《발명보수》, 중앙공론신사, 2004.

吉藤幸朔, 《特許法槪說(13판)》, 有斐閣, 1998.

Stephen A. Becker, *Patent Applications HandBook*, WEST GROUP, 2000.

가상실시료율 79, 95, 136

간주된 자유발명 58

강행규정 79

개인발명 144

개인의 능력 132, 158, 265

개인적 노사관계 65

결합(combination) 45

경제상의 자유와 창의 75, 157, 168

계약 위반 71

고용계약의 법리 65

골드바흐의 예상 33

공동발명자 87, 89, 102, 114~115, 117, 128, 131, 135, 137, 271

공동연구협약서 145, 146

공무원의 직무발명 61, 78, 174, 177, 211, 212, 239

공식의 발견 33

과거의 직무 52~53

과학기술기본법 30

과학기술인의 자율성과 창의성 30

과학기술자의 권리 156

과학적 사상 29

구성요건 완비의 원칙(All Element Rule) 35

구체적 수단 28

국가핵심기술 155

국·공립학교 교직원의 직무발명 61, 174, 211, 240

귀속의 문제 72, 73~74

권리남용 49

그대로 이용 가능 29

기본권 36, 38

기술료 145, 146, 147
기술유출 155, 156
기술적 사상 25, 26, 29, 41, 42, 48,
　134, 135, 152, 203, 267
기업의 발명 및 특허 전략 47
기여도 84, 88, 90, 112, 114, 115,
　231, 271
기여율 17, 18, 79, 82, 95, 97, 106,
　107, 111, 119

나랏글 방법 24
나카무라 슈지 17, 20~21, 123, 125~
　127, 159, 272
노무제공자 52
노사상생 160
니치아화학공업 17, 18, 125, 127,
　159

단순결합(aggregation) 45
단일선행기술의 법칙(one-source
　rule) 43
당해 발명의 비중 24, 95
대학교수의 발명 59
대학생의 발명 59
대학원생의 발명 59
도덕적 해이 55
독립당사자참가소송 88, 114
독립적 경제성 152, 272

독일의 종업원발명법 78, 139, 270
독일의 직무발명제도 139
독점권기여도 18
독점권기여율 79, 95, 111
독점적 지위에 의한 이익률 84
독점적 · 배타적 가치 117
동산소유권 48
등록보상 78
디자인권 34, 60, 63, 172, 174, 217,
　218, 220, 230, 250
디자인등록 60, 63, 173

라이센스계약 81, 112, 129, 130, 131

만유인력의 법칙 33
먹는 무좀약 사건 19
모인(冒認)출원 74
무형적 · 추상적 존재 48
물건을 생산하는 방법의 발명 26, 204,
　221, 223
물건의 발명 26, 203, 221
물권 38~39, 48
미국의 직무발명제도 138~139
미국특허상표청(USPTO) 28
민법과 민법상의 권리 38

발명과 특허의 구별 26~27
발명과 특허의 변화과정 46

발명양도대가　10, 17~19, 64, 79,
　　83, 96, 108, 114, 123, 128
발명양도증　57
발명의 가치　99, 101, 105, 120
발명의 양도　22, 79, 80, 85, 105,
　　138, 159, 201, 258
발명의 완성　27, 46, 47, 52, 54, 69,
　　75, 78, 79, 149, 177, 212, 258
발명의 완성 전　68
발명의욕　63
발명의 은닉　52, 55
발명의 착상　46, 54, 158
발명의 특징적 부분　135
발명자 공헌도 관련 독일 보상기준
　　100~101
발명자(들) 공헌도　99~101, 102,
　　108, 110, 128, 131, 126, 271
발명자권　27, 46, 60, 62, 72, 75, 76,
　　77, 93
발명자주의　60~62, 63~64, 65,
　　66~67, 146, 152, 153, 255, 256,
　　257, 269
방법의 발명　26, 204, 217, 221, 223
법인저작물　64
법적 힘　37
법정청구권　79, 90, 262, 264
부당이득반환　23, 39
부동산소유권　48~49

부정경쟁행위　55
부정취득행위　151, 153, 272
불법행위　39, 76
불특허요건　40
비공지성　152, 272
비밀관리성　152, 272
비용이성　44
비직무발명　56, 57

사립대학 교수의 직무발명　61~62
사용자 등이 얻을 이익액　94~95, 136
사용자주의　60, 255, 257, 258, 259,
　　260, 269
산업기술　154~155
산업기술의 유출방지 및 보호에 관한
　　법률　154~156
산학연공동연구　145~147
삼면소송(3면소송)　88, 114
상정실시료율　136
상표권과 상표권침해　36
선발명주의　40
선원주의　40
소니　96, 97, 118~120, 132, 270,
　　271
소멸시효　87, 90, 91, 196, 270
소송의 제기 시점　87~88
소송의 준비　89
손해배상　38, 76, 222, 223, 224,

270, 271

숍라이트(shop right) 139

시부야 타카히로 272, 274

시혜적 포상금 150

신규성 40, 41~43, 45, 268

실시료율(로열티율) 18, 81, 82, 84,
　95, 112, 119, 126

실시보상 78, 142

실용신안권 34, 60, 63, 106, 172,
　174, 220, 230, 250

실용신안등록 60, 63, 173, 209, 210

실적보상 78

심결취소소송 269

아이디어 제안 158, 263

양 발명의 동일성 42

양극화 142

얻을 이익액 137

업무발명 56, 57

업무상 저작물 64

영업비밀 85, 151, 152, 270, 272

영업비밀 침해행위 151

영업양도 108, 111

예약승계 68~69

요네자와 세이지 96, 128, 132

위험(risk)부담 125

이용률 94

인용금액 17, 82, 112, 123

일본 특허법 121~122

일부청구 17, 134

일(1)인의 천재 127, 272

입증책임의 분배 268

자사실시 78, 79, 83, 94, 106

자연법칙 25, 29, 33, 203, 267

자연법칙의 이용성 25, 33

자유낙하의 법칙 33

자유민주적 기본질서 38, 163, 263

자유발명 23, 56, 57, 58, 59, 68,
　71, 101, 110~113, 139

장기표 160, 273

저작권 34, 64, 230

저작권법 34, 37, 42, 64

저작물 24, 34, 37, 42, 64

저작자 34, 64, 166

적정한 보상 159, 160

정당한 보상 77, 78, 85, 92, 122,
　125, 148, 149, 159, 176, 177,
　212, 213

정보문명시대 160

정보의 비대칭성 271

정신적 창작물 34~35

제조물책임법 10, 30~32

조남선 103

조례 78, 177, 212, 258, 269

종업원발명 56~58, 259

종업원 발명자 55, 60, 80, 256, 258, 261

준물권 39

중국의 직무발명제도 140~141

중첩적 채무인수 108

지식재산권(지적재산권) 34~36, 49, 89, 147, 199

지식축적 59

지위 51, 52, 90, 100, 101

지적ㆍ정신적 창작능력 65

지정상품 36

직무발명규정 269

직무발명보상실시율 144

직업의 자유 38

진보성 43, 44~45, 268

집단의 능력 272

집단적 노사관계 65, 157, 262

창의력 38, 153, 156, 157, 158, 265

창작성 25, 33, 42, 267

채권 38, 39

처분보상 78, 142

천지인 문자입력방법 사건 19, 23~24

청색 LED 17, 20~21, 125~127

추적조항(trailing clause) 53

출원공개 46, 204, 205, 206

출원보상 78

출원인 명의변경 청구의 소 71

친특허 정책 19

크로스라이센스 87, 96~98, 105, 118, 119, 126, 130, 270

타사실시 78, 79, 81

특허권과 특허침해 35~36

특허권 소멸 46

특허권의 귀속 140, 146

특허권자 명의변경 청구의 소 71

특허권 획득 46

특허등록 40, 79, 80, 89, 110, 116, 130

특허를 받을 수 있는 권리(발명자권) 27, 46, 47, 53, 57, 60, 61, 69, 71, 75, 76, 92, 108~109, 111, 121, 134, 137, 206, 207, 209, 210, 211, 212, 213, 216, 240, 241, 242, 243, 246, 247, 248, 250, 251, 256

특허발명 26, 96, 97, 118, 119

특허요건 40, 41~43, 44~45, 204~216, 268

특허장려정책 19

특허장애사유 40, 268

특허청구범위 21, 27, 43, 214, 215, 217

특허출원 21, 26, 41, 42, 44, 46~47,

62, 63, 75, 85, 110, 130, 204~216, 217, 223, 240, 241, 243, 246, 247, 248, 250, 256, 269
특허출원비용 62
특허출원서 206, 213, 214
특허풀 104~105, 270

평등권 38
포괄적 크로스라이센스 96~98, 131

행복추구권 38
헌법과 헌법상의 권리 38
현재 또는 과거의 직무 50, 51, 172, 210, 239
후발적 사정 92
히타치제작소 96~98, 123, 124, 128~132